世界一わかりやすい
Dreamweaver
CC 対応　中川正道／やのうまり絵（みま）／
トミー智子　著

操作と
サイト制作の
教科書

技術評論社

注意 ご購入・ご利用前に必ずお読みください

本書の内容について

●本書記載の情報は、2018年8月1日現在のものなので、ご利用時には変更されている場合もあります。また、ソフトウェアはバージョンアップされる場合があり、本書での説明とは機能内容や画面図などが異なってしまうこともあり得ます。本書ご購入の前に必ずソフトウェアのバージョン番号をご確認ください。

●本書に記載された内容は、情報の提供のみを目的としています。本書の運用については、必ずお客様自身の責任と判断によって行ってください。これら情報の運用の結果について、技術評論社および著者はいかなる責任も負いかねます。
また、本書内容を超えた個別のトレーニングにあたるものについても、対応できかねます。あらかじめご承知おきください。

レッスンファイルについて

●本書で使用するレッスンファイル（練習用および練習問題ファイル）の利用には、別途アドビ社のDreamweaver CCが必要です。ただし、Dreamweaver CC（2018）での利用を前提としているため、それ以外のバージョンでは利用できなかったり、操作手順が異なることがあります。

●本書で使用したレッスンファイルの利用は、必ずお客様自身の責任と判断によって行ってください。レッスンファイルを使用した結果生じたいかなる直接的・間接的損害も、技術評論社、著者、プログラムの開発者、レッスンファイルの制作に関わったすべての個人と企業は、一切その責任を負いかねます。

Dreamweaverはご自分でご用意ください

●アドビ社のDreamweaver CCは、ご自分でご用意ください。
●アドビ社のWebサイトより、Dreamweaver CCの体験版（7日間有効）をダウンロードできます。ダウンロードには、Creative CloudのメンバーシップID（Adobe ID）が必要です（無償で取得可能）。詳細は、アドビ社の下記Webサイトをご覧ください。
https://www.adobe.com/jp/downloads.html

> 以上の注意事項をご承諾いただいたうえで、本書をご利用願います。これらの注意事項をお読みいただかずに、お問い合わせいただいても、技術評論社および著者は対処しかねます。あらかじめ、ご承知おきください。

Dreamweaver CC（2018）の動作に必要なシステム構成

【Windows】
- インテル Pentium 4以上、またはAMD Athlon 64以上のプロセッサー
- Microsoft Windows 7（Service Pack 1）日本語版、Windows 8.1日本語版または Windows 10 日本語版
- 2GB以上のRAM（8GB以上を推奨）
- 2GB以上の空き容量のあるハードディスク。ただし、インストール時には追加の空き容量が必要（取り外し可能なフラッシュメモリを利用したストレージデバイス上にはインストール不可）
- 1,280×1,024以上の画面解像度をサポートするディスプレイ、および16bitのビデオカード

※ソフトウェアのライセンス認証、メンバーシップの検証、およびオンラインサービスの利用には、インターネット接続および登録が必要です。

【macOS】
- インテルマルチコアプロセッサー（64bit対応必須）
- macOSバージョン10.13（High Sierra）、10.12（Sierra）、または OS X 10.11（El Capitan）
- 2GB以上のRAM（4GB以上を推奨）
- 2GB以上の空き容量のあるハードディスク。ただし、インストール時には追加の空き容量が必要（取り外し可能なフラッシュメモリを利用したストレージデバイス上にはインストール不可）
- 1,280×1,024以上の画面解像度をサポートするディスプレイ、および16bitのビデオカード

※ソフトウェアのライセンス認証、メンバーシップの検証、およびオンラインサービスの利用には、インターネット接続および登録が必要です。

Adobe Creative Cloud、Apple Mac、macOS、OS X、Microsoft Windowsおよびその他の本文中に記載されている製品名、会社名は、すべて関係各社の商標または登録商標です。

PREFACE　はじめに

Dreamweaverを使い始めて7年、Webサイト制作には必須のツールとして、毎日使用しています。そして、Web技術の進化は留まることを知らず、Dreamweaverもそういった技術に対応すべく、毎年いろいろな技術を取り込み、できることを増やしている状況です。

本書はDreamweaverの基本操作から新しく追加された機能までを網羅した教科書になります。初めてDreamweaverを使われる方から、仕事で既に使用されている方々にとって、わかりやすく学んでいただけるような構成となっています。大切にしたのは「重要な機能を優先して覚えること」と「Dreamweaverを操作しながら覚えられる」ことです。

Lesson01では基本操作をしっかりマスターできるようにやさしい内容にし、後半はその応用として、学んだ基本操作を組み合わせた作例で演習して実践力を身につけられるようになっています。また、それぞれのLessonの最後には1〜2題の練習問題を設け、Lessonで学んだ内容を確認することができます。

独学や学校で学び始める方や、学んだことの復習として何か作ってみたい方、HTMLやCSSをメモ帳等で学んだことのある方には特に学びやすい内容になっていると思います。

本書がDreamweaverを使いこなすうえでの一助になることを心から願っております。

最後に、本書の刊行にあたりご尽力いただきました技術評論社ならびに関係者のみなさまに、この場を借りて厚く御礼申し上げます。

2018年8月　中川正道

本書の使い方

•••• Lessonパート ••••

❶ 節
Lessonはいくつかの節に分けられています。機能紹介や解説を行うものと、操作手順を段階的にStepで区切っているものがあります。

❷ 見出し
その節で学習する機能や説明の見出しです。

❸ Step
Stepはその節の作業を細かく分けたもので、より小さな単位で学習が進められるようになっています。Stepによっては練習用ファイルが用意されていますので、開いて学習を進めてください。Step内で、具体的な操作を表す見出しが表示されています。

❹ Before / After
学習する作例のスタート地点のイメージと、ゴールとなる完成イメージを確認できます。作例によっては、これから描く図形や説明対象（パネルなど）の場合もあります。どのような作例を作成するかイメージしてから学習しましょう。

❺ レッスンファイル
そのStepで使用する練習用ファイルの名前を記しています。該当のファイルを開いて、実際に操作を行ってください（ファイルの利用方法については、P.006を参照してください）。

❻ コラム
解説を補うための2種類のコラムがあります。

> **CHECK!**
> Lessonの操作手順の中で注意すべきポイントや、一歩進んだ使い方などを紹介しています。
>
> **COLUMN**
> Lessonの内容に関連して、知っておきたいテクニックや知識を紹介しています。

HOW TO USE　本書の使い方

本書は、クリエイターを目指す初学者のためにDreamweaverの基本操作の習得を目的とした書籍です。
レッスンファイル（専用サイトからダウンロード）の作成手順をステップアップ形式で学習し、
章末の練習問題で学習内容を復習する、という流れをひとつの章にまとめてあります。
なお、本書はmacOS環境でCC 2018を使用した画面で解説していますが、Windowsでもお使いいただけます。

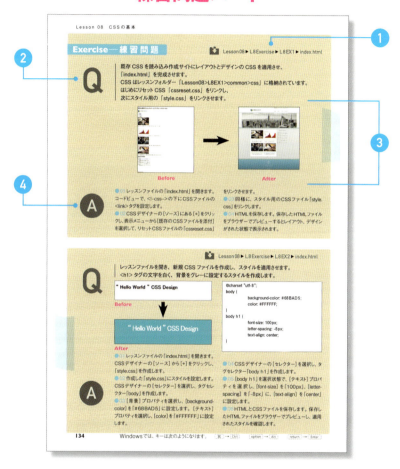

❶ 練習問題ファイル

練習問題で使用するファイル名を記しています。該当のファイルを開いて、操作を行いましょう（ファイルについては、P.006を参照してください）。

❷ Q（Question）

練習問題です。おおまかな手順が書いてあるので、Before／Afterを見ながら作成しましょう。

❸ Before / After

練習問題のスタート地点と完成地点のイメージを確認できます。Lessonで学んだテクニックを復習しながら作成してみましょう。

❹ A（Answer）

練習問題を解くための手順を記しています。問題を読んだだけでは手順がわからない場合は、この手順や完成見本ファイルを確認してから再度チャレンジしてみてください。

005

レッスンファイルのダウンロード

1. Webブラウザーを起動し、右記のWebサイトにアクセスします。

   https://gihyo.jp/book/2018/978-4-297-10002-5/

2. Webサイトが表示されたら、「本書のサポートページ」をクリックしてください。

3. レッスンファイルのダウンロード用ページが表示されます。
   すべてのレッスンファイルを一括でダウンロードするで、ダウンロードするファイルの[ID]欄に「Dreamweaver」、[パスワード]欄に「easyHTML」と入力して、[ダウンロード]ボタンをクリックします。

   ※文字はすべて半角で入力してください。
   ※大文字小文字を正確に入力してください。

4. Windowsではファイルを開くか保存するかを尋ねるダイアログボックスが表示されるので、[保存]をクリックします。
   Macでは、ダウンロードされたファイルは、自動解凍されて「ダウンロード」フォルダーに保存されます。

5. Windowsではパスワードを保存するかを尋ねるダイアログボックスが表示されるので、保存する場合[はい]、保存しない場合は[いいえ]をクリックします。

6. Windowsでは、ファイルが「ダウンロード」フォルダーに保存されます。[フォルダーを開く]をクリックして、「ダウンロード」フォルダーを開き、解凍してからご利用ください。

ダウンロードの注意点

- 上記手順はWindows 10でMicrosoft Edgeを使った場合の説明です。手順4のMacについては、macOS 10.13のSafariを使った場合です。
- ご使用になるOSやWebブラウザーによっては、自動解凍がされない場合や、保存場所を指定するダイアログボックスなどが表示される場合があります。
- 画面の表示に従ってファイルを保存し、ダウンロードしたファイルを解凍してからお使いください。

HOW TO DOWNLOAD　レッスンファイルのダウンロード

本書で使用したレッスンファイルは、小社 Web サイトの本書専用ページよりダウンロードできます。
ダウンロードには、ID、パスワードを入力する必要があります。
手順内に記している文字列を半角でお間違いのないよう、入力をお願いします。

•••• ダウンロードファイルの内容 ••••

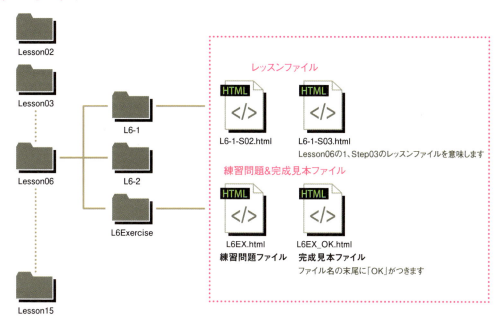

- Lesson01 にはレッスンファイルがありません。
- ダウンロードしたファイルは、各 Lesson（章）ごとに分かれていて、その下層にまた節ごとにフォルダーがあります。なお、節によってはレッスンファイルがない場合もあります。
- 各 Step ごとに使用するレッスンファイルと練習問題に使用するファイルがあります。それぞれ各 Step ごとにフォルダーがある場合があります。その場合は Step フォルダー内にレッスンファイルがあります。
- Step によってはレッスンファイルがない場合もあります。
- Lesson によっては Lesson フォルダーの下層にすぐレッスンファイルがある場合があります。

レッスンファイル利用についての注意点

- レッスンファイルの著作権は各制作者（著者）に帰属します。これらのファイルは本書を使っての学習目的に限り、個人・法人を問わずに使用することができますが、転載や再配布などの二次利用は禁止いたします。
- レッスンファイルの提供は、あくまで本書での学習を助けるための無償サービスであり、本書の対価に含まれるものではありません。レッスンファイルのダウンロードや解凍、ご利用についてはお客様自身の責任と判断で行ってください。万一、ご利用の結果いかなる損害が生じたとしても、著者および技術評論社では一切の責任を負いかねます。

CONTENTS

はじめに …………………………………………………… 003
本書の使い方 ……………………………………………… 004
レッスンファイルのダウンロード ……………………… 006

Lesson 01 Dreamweaverの基本 …………… 011

- 1-1 Dreamweaverの基礎知識 ………………………… 012
- 1-2 Dreamweaver CCの主な新機能と特徴 ………… 014
- 1-3 ファイルの作成と保存 …………………………… 016
- 1-4 Dreamweaverの環境設定 ………………………… 019
- 1-5 Dreamweaverの基本操作 ………………………… 021
- 1-6 環境設定の同期 …………………………………… 027

Lesson 02 Webサイトの基本 ………………… 029

- 2-1 Dreamweaverを使って制作するための基礎知識 … 030
- 2-2 プレビュー用ブラウザーの登録 ………………… 035
- Exercise 練習問題 ……………………………………… 038

Lesson 03 Dreamweaverによるサイトの定義 … 039

- 3-1 Webサイトのフォルダー構成 …………………… 040
- 3-2 Dreamweaverでのサイト定義手順 ……………… 042
- 3-3 サイト定義の編集と削除 ………………………… 044

Lesson 04 HTMLの基本 ……………………… 049

- 4-1 HTMLの基本知識 ………………………………… 050
- 4-2 HTMLの基本構造 ………………………………… 052
- 4-3 <head>要素の中で使用する主なタグ …………… 054
- 4-4 DreamweaverによるHTMLの記述 ……………… 056
- 4-5 文字を強調する …………………………………… 062
- Exercise 練習問題 ……………………………………… 064

Lesson 05 HTMLの応用 ……………………… 065

- 5-1 コードビューでHTMLを入力する ……………… 066
- 5-2 文書構造を意識してHTMLを入力する ………… 074
- 5-3 テーブルを作成する ……………………………… 076
- 5-4 フォームを作成する ……………………………… 083
- Exercise 練習問題 ……………………………………… 088

画像と動画を使う ･･････････････････ 089　◀◀◀ Lesson 06

- 6-1　画像の挿入 ･･････････････････････ 090
- 6-2　動画の挿入 ･･････････････････････ 097
- **Exercise** 練習問題 ･･････････････････ 100

リンクの設定 ･･････････････････････ 101　◀◀◀ Lesson 07

- 7-1　リンクの作成 ･････････････････････ 102
- 7-2　さまざまなリンク先を指定する ･･････････ 110
- 7-3　リンクのチェックと更新 ･････････････ 114
- **Exercise** 練習問題 ･･････････････････ 118

CSSの基本 ･･･････････････････････ 119　◀◀◀ Lesson 08

- 8-1　CSSについて ････････････････････ 120
- 8-2　CSSの記述方法 ･･････････････････ 122
- 8-3　CSSをリセットする ････････････････ 131
- **Exercise** 練習問題 ･･････････････････ 134

CSSの設定 ･･･････････････････････ 135　◀◀◀ Lesson 09

- 9-1　ヘッダーをレイアウトする ････････････ 136
- 9-2　ヘッダーの文字をレイアウトする ･･････････ 148
- 9-3　ナビゲーションにロールオーバーを設定する ･･････ 153
- **Exercise** 練習問題 ･･････････････････ 158

CSSデザイン ･････････････････････ 159　◀◀◀ Lesson 10

- 10-1　コンテンツ領域のデザイン ･･･････････ 160
- 10-2　CLASSを指定してコンテンツをデザインする ･･････ 171
- 10-3　サイドコンテンツ領域のデザイン ･･････････ 178
- 10-4　レイアウト崩れの確認と修正 ･･･････････ 183
- **Exercise** 練習問題 ･･････････････････ 188

CSSデザインのバリエーション ････････ 189　◀◀◀ Lesson 11

- 11-1　CSS3について ･･････････････････ 190
- 11-2　ボックスシャドウと角丸の指定 ･････････ 193
- 11-3　グラデーションと透過を指定する ･･･････ 198
- 11-4　文字をより魅力的にデザインする ･･･････ 201
- 11-5　アニメーション機能を使う ･･･････････ 204
- 11-6　CSSのカラーを変更する ･･･････････ 207
- **Exercise** 練習問題 ･･････････････････ 212

CONTENTS 目次

Lesson 12
テンプレートの作成と利用 ・・・・・・・・・ 213
- 12-1 テンプレートの活用 ・・・・・・・・・・・・・・・・・・・ 214
- 12-2 テンプレートの作成 ・・・・・・・・・・・・・・・・・・・ 216
- 12-3 テンプレートの修正 ・・・・・・・・・・・・・・・・・・・ 222
- 12-4 テンプレートの応用 ・・・・・・・・・・・・・・・・・・・ 226
- 12-5 ネストされたテンプレートを作成する ・・・・・・・・ 232
- **Exercise** 練習問題 ・・・・・・・・・・・・・・・・・・・・・・・ 236

Lesson 13
サイトにいろいろな機能を加える ・・・・・・ 237
- 13-1 便利なWebサービスを使用する ・・・・・・・・・・・ 238
- 13-2 スニペットとライブラリの登録 ・・・・・・・・・・・ 243
- 13-3 そのほかのDreamweaverの機能 ・・・・・・・・・・・ 249
- **Exercise** 練習問題 ・・・・・・・・・・・・・・・・・・・・・・・ 252

Lesson 14
Bootstrapを使ったレスポンシブデザイン
・・・・・・・・・・・・・・・・・・・・・・・・・・・・・・・・・ 253
- 14-1 スマートフォンサイトについて ・・・・・・・・・・・ 254
- 14-2 レスポンシブなスターターブログ投稿ページを作成 ・ 257
- 14-3 Bootstrapテンプレートをカスタマイズ ・・・・・・・ 260
- **Exercise** 練習問題 ・・・・・・・・・・・・・・・・・・・・・・・ 266

Lesson 15
サイトの公開と管理 ・・・・・・・・・・・・・・ 267
- 15-1 サーバーの設定 ・・・・・・・・・・・・・・・・・・・・・ 268
- 15-2 ファイルのアップロードとダウンロード ・・・・・・ 273
- 15-3 サイトの管理 ・・・・・・・・・・・・・・・・・・・・・・・ 278

INDEX ・・・・・・・・・・・・・・・・・・・・・・・・ 282

Dreamweaver の基本

An easy-to-understand guide to Dreamweaver

Lesson 01

はじめに Dreamweaver がどんなソフトで、どんなことができるかということを学びます。新しくなった Dreamweaver CC では次世代向けの Web サイト技術の標準である「HTML5」、「CSS3」が強化され、よりプロフェッショナルなサイトが効率よく作成できるようになりました。

1-1 Dreamweaverの基礎知識

Dreamweaverは世界中のデザイナーやコーダーなど、Web制作に関係するクリエーターが愛用しており、Webサイト制作現場で圧倒的なシェアを誇ります。はじめに、Dreamweaverがどのようなソフトなのか簡単に理解しましょう。

Adobe Dreamweaverとは？

「Adobe Dreamweaver」（以下、Dreamweaver）とは、アドビ社が販売している「Webサイトを制作するためのソフトウェア（Webオーサリングツール）」です。編集機能やレイアウトの表示機能、ファイル管理機能など、制作や更新作業に必要な機能がひとまとめになっている統合ソフトウェアとなります。

Webサイトは基本的に「テキスト」なので、「メモ帳」でも制作は可能です。しかし、作業効率などやミスの防止などを考えると、専用ソフトを利用したほうが的確で効率的に行えます。

Webサイトのデザイン完成後、Webサイトを構築するすべての作業をDreamweaver上で行います。デザインを基にHTML、CSSを効率よくコーディングし、デザインビューで完成した形を確認する。コーディングが終わったら、Webサーバーへアップロードして公開する。こういった一連の作業を効率よく、かつ管理しながら行えるのがAdobe Dreamweaverです。

これは、Adobe Dreamweaver CC（2018）の起動画面

Dreamweaverの歴史

Adobe Dreamweaverは、もともと「Macromedia」社が1977年から「Macromedia Dreamweaver」として開発・販売し、アドビシステムズ社の「Golive」の競合製品として進化をとげてきました。

2005年にアドビシステムズ社が「Macromedia」を買収したことにより、GoLiveからDreamweaverへ移行しました。その後、2006年発売の「Adobe Creative Suite 2.3 Premium」からDreamweaver 8が初めて組み込まれました。

2007年にグラフィック、Webデザイン、動画編集の統合パッケージソフトウェア「Adobe Creative Suite（後述：CS）」シリーズが発売。「Dreamweaver CS3」としてCSシリーズに組み込まれました。

CSシリーズのバージョンアップごとにDreamweaverの機能は進化し、高機能なWebオーサリングツールとして世界中のクリエイターたちに愛用されます。

2013年にCSシリーズから「Creative Cloud」（後述：CC）へ移行。現在（2018年8月現在）の最新バージョンは本書で説明を行う「Dreamweaver CC」（2017年10月リリース：バージョン18.0）です。このバージョンは本書では「Dreamweaver CC（2018）」と記載し、本書で「Dreamweaver」および「Dreamweaver CC」とある場合は最新の「2018」のことを指します。

このように、Web技術の進化とともに、Dreamweaverはバージョンアップを重ね、機能を進化させてきました。現在では事実上、Web制作のデフォルトスタンダードのソフトウェアとして、今も多くのクリエイターたちに使用され続けています。

Dreamweaverの基本機能

HTML、CSSの作成の効率化

HTMLソースを一文字一文字、手書きで入力すると膨大な時間がかかります。そこでDreamweaverの出番です。テンプレートで自動的にHTMLを作成する、タグを入力する際にコードヒントが表示される、などコードを早く正確に作成でき、効率的に作業を進めることができます。スタイルシート（CSS）も同様に簡単に作成／編集できるように強化されています。

Dreamweaverを使い効率的にWebサイトを制作する

サイトを簡単に管理できる

サイトの規模に関わらず、Webサイト制作には大量のフォルダー、ファイルが必要になります。Dreamweaverでは画面右のファイルパネルに、サイトを構成しているフォルダー、ファイルをすべて表示することができます。編集したいHTMLファイルをひらくと、そのHTMLファイルに関連しているすべてのCSS、JavaScriptを閲覧、編集することができます。

ファイルパネルサイトで使用するすべてのフォルダー、ファイルが表示される

テンプレート化する

Webサイト内で共通する部分（ナビゲーション、フッターなど）を、テンプレート（雛形）化することで、そのテンプレートファイルを使って、複数のページを作成することができます。基になるテンプレートファイルを修正すると、紐づくすべてのページに修正が反映され、1ページずつ修正する手間を省くことができます。

HTML新規作成時にテンプレートを使い作成する

ファイルのアップロード／ダウンロードとバージョン管理

ローカルでWebサイトを制作し終えたら、次はWebサーバーへアップロード。ドラッグ＆ドロップで、Webサイトを指定したサーバーに丸ごとアップロードすることができます。また、ファイルに修正を加えたいときには、ダウンロードも簡単に行えます。大規模なサイトを開発、管理する場合はリモートサーバーに「LCKファイル」を作成することができ、誰が、どのファイルをチェックアウト、修正しているか把握できます。またファイルのバージョン管理システム「Apache Subversion」にも対応しています。

Webサイト制作後の運用もDreamweaver上で行う

Lesson 01　Dreamweaverの基本

1-2 Dreamweaver CCの主な新機能と特徴

Dreamweaver CCでは次世代向けのWebサイト技術の標準であるHTML5、CSS3の機能が強化され、より魅力的な表現ができるように機能が追加されています。

Dreamweaver CCの新機能

HTML5にも対応した「ライブビュー」

「ライブビュー」は、搭載されたクロムベースのレンダリングエンジンにより、お気に入りのWebブラウザーで表示したのと同じように表示できます。できあがったサイトをテストするためにブラウザーを切り替えるといった作業が減り、ライブビュー内でHTMLエレメントを直接編集して、コードおよびデザインビューを切り替える手間を省くこともできますのでより効率よくコーディング作業が行えます。

ライブビューを適用した場合、ブラウザーで見るのと同じ状態で表示される

CSSデザイナー

「CSSデザイナー」は、より直感的にCSSを編集できるように強化されています。指定したセレクタにどのようなプロパティが設定されているか、画面右に一覧表示されるため、プロパティ設定を把握しやすくなり、編集もビジュアルを見ながら直感的に行うことができます。CSS3から追加されたグラデーションやボックスシャドウなども簡単に使用できます。

Bootstrapのサポート

レスポンシブWebデザインに対応したフロントエンドのフレームワーク「Bootstrap」が使用可能になりました。基本的には、Dreamweaverで新規ドキュメントを作る際に、［新規ドキュメント］→［ドキュメントタイプ］の［</> HTML］→［フレームワーク］の［Bootstrap］タブを選ぶだけで、簡単に使用できます。また、Bootstrapを使用するには、jQuery（JavaScriptのライブラリ）を読み込む必要がありますが、jQueryファイルも自動で用意してくれます。

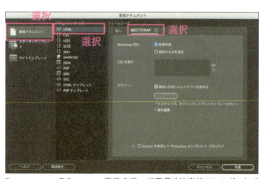
DreamweaverのBootstrap機能を使って素早く効率的にレスポンシブWebデザインを作ることができる

Typekitとの連携（Webフォント）

Dreamweaver CCは、Creative Cloudの関連アプリと連携が強化されました。その中でも「Typekit」は、デスクトップアプリケーションや、Webサイトで使用できるフォントを提供するサービスです。ライセンスは無料から有料まであり、世界中のデザイナーの膨大な数のフォントを使用可能です。

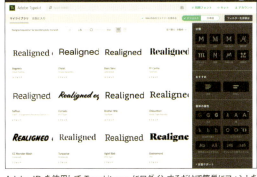

Adobe IDを使用してTypekit.comにログインするだけで簡単にフォントをDreamweaverに追加できる

Adobe Stockとの連携（CCライブラリ）

「CCライブラリ」は、カラー、テキスト、素材、ブラシ、画像、ビデオなど、よく使用するアセット（素材）に簡単にアクセスできます。また、CCライブラリパネルの検索フィールドのプルダウンメニューから、Creative Cloudの「Adobe Stock」を選択できるようになりました。制作中のサイトにぴったりの画像を簡単に見付けることができます。ライセンスは有料のみです。

フィールドに検索キーワードを入力し、使用したい画像を見付ける

コードヒント機能

短時間で効率よくコーディング作業が行えるよう、Dreamweaver CCではコードヒントが使用可能になりました。[Dreamweaver CC]メニュー（Windowsは[編集]メニュー）→[環境設定]を選択して表示される、[環境設定]ダイアログボックスで設定します。カテゴリ[コードヒント]を選択し、オプション[コードヒントを使用可能にする]、[ツールヒントを有効にする]にチェックを入れ、[適用]をクリックします（初期設定で設定してあります）。

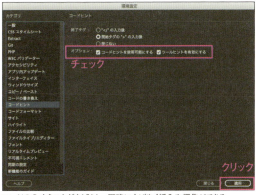

コードの入力ミスなどを減らし、正確にすばやく挿入や編集ができる

クラッシュ後のファイルの自動復元

Dreamweaverがシステムエラー、停電、その他の問題で予期せずシャットダウンした場合、作業中の保存されていなかったファイルを復元できるようになりました。ただし、完全に復元できるとは限りませんので、保存は小まめにしましょう。

クラッシュが発生した場合、Dreamweaverの以降の起動時にダイアログボックスが表示される

Lesson 01　Dreamweaverの基本

1-3　ファイルの作成と保存

Dreamweaverで作成するHTMLドキュメントの新規作成や既存ファイルの開き方、閉じ方、保存方法などを学びます。

新規ファイルの作成

スタートアップ画面から作成

新規ファイルを作成するにはスタートアップ画面から作成する方法と、メニューから操作する方法、ファイルパネルから作成する方法と、3つの方法があります。
Dreamweaverを起動させると、はじめにスタートアップ画面が表示されます。スタートアップ画面は［最近使用したもの］、［CCファイル］、［クイックスタート］、［スターターテンプレート］という項目に分かれ、HTMLドキュメントを新規作成する場合は、［クイックスタート］を選択後、［HTMLドキュメント］をクリックします。

❶最近使用したHTMLファイルの履歴が表示される
❷CCライブラリクラウドにある最近開いたファイルを開く
❸各ファイルの新規作成ドキュメントを表示する
❹スターターテンプレートを開く
❺アドビシステムズ社の解説サイトへリンクされる

新規ドキュメントが表示される

COLUMN

スタートアップ画面を表示させない設定

スタートアップ画面を表示させたくない場合は［Dreamweaver CC］メニュー（Windowsは［編集］メニュー）→［環境設定］を選択して表示される、［環境設定］ダイアログボックスで設定します。カテゴリ［一般］を選択し、［起動画面を表示］のチェックを外し、［適用］をクリックします。

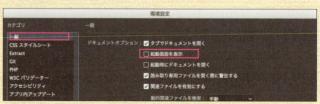

［環境設定］ダイアログボックスで設定する

メニューから新規ファイルを作成

メニューからHTMLドキュメントを新規作成する場合、[ファイル]メニュー→[新規]を選択します。
[新規ドキュメント]ダイアログボックスが表示されるので、[新規ドキュメント]❶、ドキュメントタイプは[</> HTML]❷、フレームワークは[なし]タブ❸、[ドキュメントタイプ：HTML5]❹を選択し、[作成]をクリックします❺。「Untitled-1」(数字は作るたびに増える)というHTMLドキュメントが作成され、空白のページが表示されます。

❶空白ページ以外にスターターテンプレート、サイトテンプレートなど作成するページを選択する
❷各ページタイプを選択する
❸[なし]タブを選択する
❹ドキュメントタイプを選択する。本書では[HTML5]で作成する
❺[作成]ボタンをクリックすると新規ドキュメント(空白ページ)が作られる

ファイルパネル上で新規作成と名前変更

[ファイル]パネル上で新規ファイルを制作する場合、新規ファイルを作成するフォルダーを右クリックして表示されたメニューから、[新規ファイル]を選択すると、HTMLドキュメントの新規作成ができます。「untitled.html」という名前で作成されます。

[ファイル]パネル上でファイル名前を変更する場合、変更したいファイルを右クリックし、[編集]を選択し、[名前の変更]をクリックし、直接パネル上で変更を行います。ファイルパネル上ではファイルだけではなく、同様の手順でフォルダーも作成、名前変更をすることができます。

新規ファイルを選択すると「untitled.html」が制作される

ファイルの保存方法

保存する場合は、[ファイル]メニューの[保存](ショートカットキー：⌘+Sキー)を選択します。
初めて保存する場合は、[名前をつけて保存]ダイアログボックスが開くので、[ファイル名]、[保存場所]を選択し、[保存]をクリックします。
保存すると、[ファイル]パネルに保存した新しいHTMLファイルが表示されます。

まずドキュメントを保存してみよう

既存ファイルを開き、閉じる

既に保存済みのファイルを開くには、[ファイル]メニュー→[開く]を選択します❶。[開く]ダイアログボックスが表示されるので、ファイルを選択して、[開く]ボタンをクリックします。
また、[ファイル]メニュー→[最近使用したファイルを開く]を選択すると、直近に使用した10個のファイルが表示されるので❷、その中から開くことができます。

ファイルを閉じる場合は、ドキュメントタブの[×]をクリックします。
Dreamweaverには、各種Webドキュメントの操作に適した柔軟な環境が用意されており、HTMLドキュメントだけでなく、JavaScript、PHP、カスケーディングスタイルシート(CSS)などのテキストベースの各種ドキュメントを作成したり、開いたりできます。

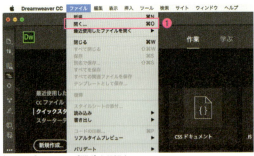
[ファイル]メニューの[開く]を選択する

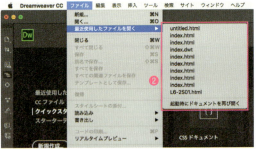
直近に使用した10個のファイルを選択して表示する

CHECK！ ファイル名のタブ表示

ファイルを開くと、タブ上にファイル名が表示されます。複数のファイルを同時に開いた場合は、タブが複数表示され、タブを選択すると対象ファイルが表示されます。またタブをドラッグすることで、位置を変更することができます。また、開いているタブをすべて閉じたい場合は、タブを右クリックして[すべて閉じる]を選択します。開いているタブをすべて保存したい場合は、タブを右クリックして[すべて保存]を選択します。

タブ表示

Windowsでは、キーは次のようになります。　⌘ → Ctrl　　option → Alt　　return → Enter

1-4　Dreamweaverの環境設定

1-4 Dreamweaverの環境設定

はじめにDreamweaverの環境設定を確認します。新規HTMLドキュメントのドキュメントタイプ（DTD）、文字コードの初期設定を行います。

新規ドキュメントの環境設定

はじめに、新しく作成するHTMLドキュメントの新規設定を行います。設定する項目は［初期設定ドキュメントタイプ（DTD）］と［文字コード］です。

本書では次世代のHTML規格「HTML5」に準拠してWebサイトを制作していくので、［初期設定ドキュメントタイプ（DTD）］を［HTML5］に設定をします。文字コードは世界中のほとんどの言語で使用されている「UTF-8」で設定します。

［Dreamweaver CC］メニュー（Windowsでは［編集］メニュー）→［環境設定］を選択し、［環境設定］ダイアログボックスを開きます。［新規ドキュメント］を選択し、［初期設定ドキュメントタイプ（DTD）］が［HTML5］に、［エンコーディング初期設定］が［Unicode（UTF-8）］に設定されているか確認します。

旧バージョンからCCへアップデートした場合、［初期設定ドキュメントタイプ（DTD）］が「XHTML1.0 Transitonal」に設定されている場合がありますので、注意してください。

「シフトJIS」、または「EUC」などの文字コードが設定されたHTMLドキュメントを開く場合、文字化けを回避するため、項目［エンコーディングが指定されていない既存ファイルを開く時に使用］のチェックを外す必要があります。

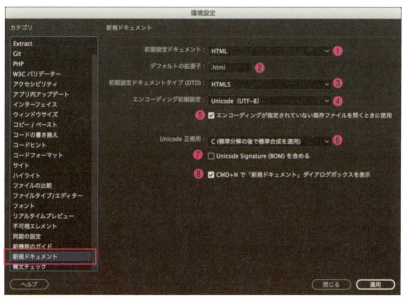

❶新規作成ドキュメントの種類を設定する
❷HTMLの拡張子は［html］で設定する
❸ドキュメントタイプを設定する、［HTML5］で設定する
❹文字コードは［UTF-8］で設定する
❺この項目にチェックを入れると❹［エンコーディング初期設定］で設定した文字コードに変換される。［EUC］、［シフトJIS］などの文字コードで設定したファイルを開く際は、文字化けを回避するため、チェックを外す必要あり
❻文字コードを［UTF-8］を選択する場合のみ有効。通常は［C］を設定する
❼文字コードを［UTF-16］または［UTF-32］に設定する場合は必要。本書では［UTF-8］で設定するため、チェックは外す
❽［新規ドキュメント］ダイアログボックスをショートカットキーで開きたい場合はチェック。Windowsの場合は「Ctrl+N」と表示

Lesson 01　Dreamweaverの基本

HTMLコードフォーマットの指定

ソースコードの先頭にインデント（字下げ）を挿入することで、見やすいソースコードになります。
［Dreamweaver CC］メニュー（Windowsは［編集メニュー］→［環境設定］を選択し、表示された［環境設定］ダイアログボックスで［コードフォーマット］を選択します。初期設定では［インデント］は「2」、［タブサイズ］は「4」で設定されています。
なお、本書では初期設定のまま利用します。

ソースフォーマットを適用する

［編集］メニュー→［コード］→［ソースフォーマットの適用］を選択します。コードビューに表示されているソースが、一括でキレイに整列されます。HTMLファイルでもCSSファイルでも、コードビューで表示しているソースに対して等しく適用されます。

インデント、タブサイズを設定し、ソースコードのフォーマットを定義

［ソースフォーマットの適用］を行うとソースが一括でキレイに整列される

CSSがキレイに整列された

HTMLがキレイに整列された

COLUMN

非表示文字を表示させる

タブ、スペース、改行コードなどの表示されない制御文字を確認する場合は、［表示］メニューの［コードオプション］を選択し、［非表示文字の表示］をチェックします。すると視覚的に確認ができます。
コーディングをしていると誤って全角スペースを挿入し、不具合が発生することがあります。全角スペースは「　」（空白）で表示されるので、誤って挿入した場合は削除するようにしましょう。

[>>]はタブ、[··]は半角スペース、[¶]は改行

020　　　Windowsでは、キーは次のようになります。　⌘ → Ctrl　option → Alt　return → Enter

1-5 Dreamweaverの基本操作

Dreamweaverの画面やパネル表示に関する基本操作を覚えましょう。ドキュメントは「コードビュー」、「分割ビュー」、「デザインビュー」「ライブビュー」の4種類の画面でWebサイトを表示できます。画面レイアウトは自分好みに変更が可能です。

Dreamweaverの画面

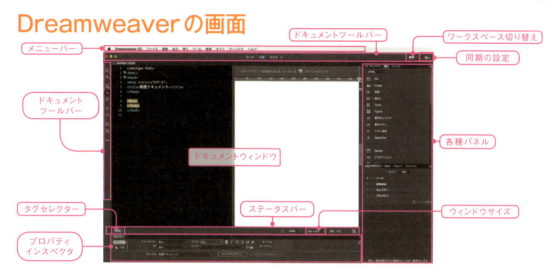

メニューバー

Dreamweaverで実行できる各種機能がまとめられています。メニュー項目をクリックすると各種機能が表示されます。その際、右に記載されている英数字はショートカットキーです。よく使うものから、ゆっくり覚えていきましょう。

ワークスペース切り替え

各種パネルの表示方法に切り替えられます。初期設定は[標準]に設定されています。Dreamweaverの操作に慣れてきたら、自分好みのパネル配置にしてワークスペースを保存しましょう。

ステータスバー

ステータスバーには左端にタグセレクター、右端に出力サイズが表示されます。出力サイズはデザインビューを選択したときに表示され、設定されているパソコン、タブレッド、スマートフォンなどの各画面サイズでドキュメントウィンドウを表示することができます。「サイズの編集」で任意のサイズに編集が可能です。タグセレクターには選択しているタグの階層が表示されます。

ドキュメントツールバー

現在開いているドキュメントに関する[ビューの切り替え]、[ブラウザーで表示]、[ページタイトル]、[ファイルのアップロード／ダウンロード]などの項目が表示されます。

ドキュメントウィンドウ

ドキュメントを編集する領域です。HTML、CSSなどの内容が表示され、ドキュメントツールバーから各ビューを選択し、編集作業を行います。

プロパティインスペクタ

選択している要素に対してプロパティを変更するためのパネルです。たとえば、見出し、段落、箇条書きなどのタグ変更ができます。CSSで使うID、CLASS指定も可能です。

各種パネル

作業の確認、変更をおこなう場合に使用します。挿入パネル、CSSデザイナーパネル、ファイルパネルなどがあります。パネルを展開するには、そのタブをダブルクリックします。

Lesson 01 Dreamweaverの基本

ビューの切り替え

ドキュメントウィンドウのドキュメントを表示するビューとしては、「コードビュー」、「分割ビュー」、「ライブビュー」、「デザインビュー」の4つの表示画面があります。

「分割ビュー」は、コードとデザインの分割ビューを左右または上下に表示することもできます。初期設定では、上下に表示されます。

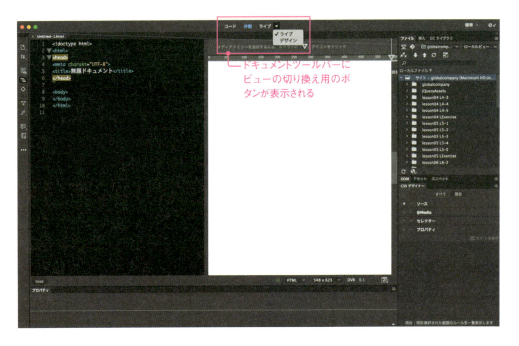

ドキュメントツールバーにビューの切り換え用のボタンが表示される

コードビュー

ドキュメントツールバーの[コード]を選択します。「コードビュー」はソースコードを表示し、HTML、CSSを直接編集できます。

コードビューではソースコードが表示される

分割ビュー

ドキュメントツールバーの[分割]を選択します。「分割ビュー」は「コードビュー」と「デザインビュー」を半々に表示させる画面です。半々といっても、それぞれの表示サイズは任意に変えることができます。それぞれのセクションに同時に作業ができます。

コードビューとデザインビューを半々に表示させる、各ビューの広幅は自由に変更できる

022　　Windowsでは、キーは次のようになります。　⌘ → Ctrl　option → Alt　return → Enter

デザインビュー

ドキュメントツールバーの[デザイン]をクリック後、[▼]をから[デザイン]を選択します。「デザインビュー」は実際の仕上がりに近い形で表示され、視覚的にページを作成することができます。変更したい箇所を右クリックすると、ダイアログメニューが開き編集することが可能ですが、完全にブラウザーと同じように表示することはできません。

デザインビューでは実際のWebページに近い形で表示される

ライブビュー

ドキュメントツールバーの[デザイン]をクリック後、[▼]をから[ライブ]を選択します。「ライブビュー」はブラウザーで表示したときと同じ状態の画面が表示されます。JavaScrptなどの動的な動きも確認が可能です。コードビューでの変更がデザインに反映される様子を確認しながら作業を進めることができますが、ブラウザー固有の詳細な問題までは確認できません。

「ライブビュー」ではブラウザーで見るのと同じ状態で表示される、動的な動きにも対応

インスペクトビュー

「ライブビュー」の状態で、[表示]メニュー→[インスペクト]を選択すると、マウスカーソルが重なっている要素のボックスがハイライト表示され、HTMLエレメントおよび関連付けられたCSSスタイルをすばやく識別できます。

「インスペクトビュー」ではレイアウト不正などバグを修正する時に使う

COLUMN

ライブコードについて

「ライブビュー」の状態で[ライブコード]を選択すると、マウスカーソルが指している要素のコードをハイライト表示することができます。またJavascriptなどのプログラムでソースコードが動的に変わるような時、ライブコード上で確認ができます。

プログラムでHTMLタグを動的にする場合、ライブコードで確認できる

Lesson 01　Dreamweaverの基本

パネルの基本操作

パネルの取り外し

画面右にある各種パネルは、タブ部分をドラッグし、切り離して独立して表示することができます。タブの横のグレー部分をドラッグするとタブグループをまとめて切り離すことができます。パネル全体を切り離す際は、パネル上部をドラッグします。

パネルを元の位置に戻す場合は、同様に対象のパネルをドラッグして、元の場所にドロップします。

❶ドラッグ

❶ドラッグ

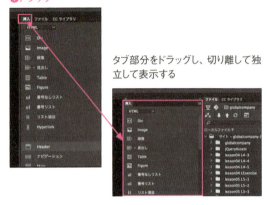

タブ部分をドラッグし、切り離して独立して表示する

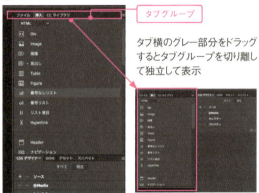

タブ横のグレー部分をドラッグするとタブグループを切り離して独立して表示

パネルを展開する

パネル上部の[>>]部分をクリックすると、すべてのパネルがアイコンに縮小されて表示されます。元に戻す場合は[<<]をクリックします。

また、パネルのタブ部分をダブルクリックすると、折りたたんだ状態になります。パネルを展開する場合は同様にタブ部分をダブルクリックします。

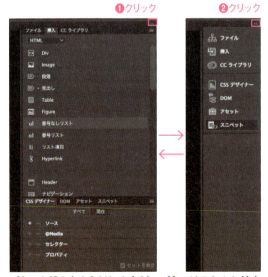

パネル上部の右上をクリックすると、パネルがアイコンに縮小される。元に戻す場合は同じ箇所をクリックする

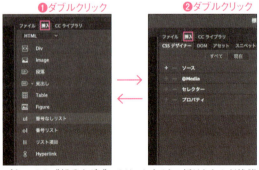

パネルのタブ部分をダブルクリックすると、折りたたんだ状態になり、パネルを展開する場合は同様にタブをダブルクリックする

Windowsでは、キーは次のようになります。　⌘ → Ctrl　　option → Alt　　return → Enter

タブ式パネルの選択とサイズの変更

パネルはタブ方式になっています。また、タブグループは、上下にくっつけて扱えます。パネルのサイズを変更する場合は、端をドラッグします。

パネルをリセットする

メニューバー上のワークスペース[標準]横の[▼]をクリックして、表示されたメニューから['標準'のリセット]を選択すると、パネルが初期状態にリセットされます。

横幅を変更する場合はパネルの端を左右にドラッグする

パネル下部のタブグループの上部をドラッグし、縦幅を変更する

['標準'のリセット]を選択し、ワークスペースをリセットする

COLUMN

CSSデザイナーパネルを使う場合

CSSデザイナーパネルは、CSSスタイル、ファイル、プロパティ値、メディアクエリーを「視覚的」に作成できます。

❶ ソース：プロジェクトに関連付けられたCSSファイル。

❷ @Media：画面サイズを制御するメディアクエリー。

❸ セレクター：@Mediaパネルで選択したメディアクエリーに関連付けられたセレクター。

❹ プロパティ：選択したセレクターに関連付けられたプロパティ。「セットを表示」チェックボックスをオンにすると、設定済みプロパティだけが表示されます。

各種パネルのメニュー

ファイルパネル

ファイルパネルでは、作業用フォルダー (ローカルサイトフォルダー) のファイル管理をします。また、Web サーバーへのファイルのアップロードも可能。リモートサーバーのファイルも管理もできます。

ファイルパネルを表示するショートカットキーは F8 キー

挿入パネル

挿入パネルは、div タグ、イメージやテーブルといったオブジェクトなど、HTML タグを簡単に素早く挿入できます。[お気に入り] からよく使用するボタンをグループ化して整理することもできます。

挿入パネルを表示するショートカットキーは ⌘ + F2 キー

CSS デザイナーパネル

CSS スタイル定義を行います。
CSS スタイル、ファイル、プロパティ、メディアクエリーを「視覚的」に作成できます。

CSS デザイナーパネルを表示するショートカットキーは ⌘ + F11 キー

DOM パネル

DOM パネルには HTML 階層 が表示さHTML 構造を編集することがきます。タグの選択、複製、削除、入れ替え、クラス、ID を編集なども可能。ライブビューで選択できない要素は、タグセレクターやDOMパネルから選択できます。

CC ライブラリパネル

Creative Cloud にアップロードされている画像ファイルや共有しているファイルを参照できます。

アセットパネル

画像、JavaScript ファイルなどのアセット (素材) をまとめて管理ができます。

DOM パネルを表示するショートカットキーは ⌘ + F7 キー

スニペットパネル

頻繁に使用するコード等 (HTML、CSS,JavaScript) をすぐに使えるように保存しておくことができます。なお、スニペットパネルを表示させるショートカットキーは Windows 版のみに設定されており、Shift + F9 キーです。

Windows では、キーは次のようになります。 ⌘ → Ctrl   option → Alt   return → Enter

1-6 環境設定の同期

Dreamweaver CC から環境設定の同期を行うことができるようになりました。環境設定を Creative Cloud に保存し、たとえば職場、自宅、または新しく移行するパソコン上で簡単に環境設定を同期できます。

複数のパソコンで環境設定を同期する

Adobe ID で同期する

同期は Creative Cloud にログインする Adobe ID によって管理され、「クラウド」、「ローカル」、「常に確認する」の中から競合する際の同期対象を選択します。同期できる設定項目は以下になります。
・アプリケーションの環境設定
・キーボードのショートカット
・サイト設定
・ワークスペース
・スニペット

同期の設定を行うには [Dreamweaver CC] メニュー（Windowsは [編集] メニュー）→ [環境設定] を選択して、[環境設定] ダイアログボックスを開きます。[環境設定] ダイアログボックスの [カテゴリ] で [同期の設定] を選択して下さい。[Adobe ID] には登録しているアカウントが表示されます。[自動同期を有効にする] にチェックを入れると、同期できる設定項目が編集・保存されるたびに自動的に同期が行なわれます。

[同期する設定] では、同期したい設定項目にチェックを入れます。[競合の解決] は [Cloud の設定を使用] に設定します。これで環境設定がクラウド上で同期されます。複数のパソコンで作業を行わない場合は、特に環境の同期は必要ありません。

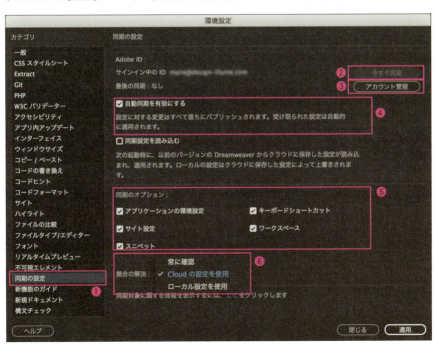

❶ [カテゴリ] で [同期の設定] を選択する
❷ [今すぐ同期] をクリックすると同期が始まる
❸ 「https://www.adobe.com/」のログイン画面が表示される
❹ チェックを入れると、同期する設定項目が編集・保存されるたびに自動的に同期が行なわれる
❺ 同期する設定項目をチェックする
❻ 競合したい際に同期する対象を設定する

Lesson 01 Dreamweaverの基本

複数パソコンでの同期設定

2台目となるパソコンにDreamweaver CCをインストールし、起動すると初めに［同期の設定］ダイアログボックスが表示されます。［常に設定を自動で同期］にチェックを入れると、同期できる設定項目が編集・保存されるたびに自動的に同期が行なわれます。
競合する際の同期対象は［クラウドと同期］、［ローカルと同期］の中から選択できます。［詳細設定…］をクリックすると［環境設定］ダイアログボックスが表示されます。

同じAdobe ID、かつ複数のパソコンでDreamweaverを使用する場合、環境設定を同期できる

環境設定を手動で同期

手動で同期をさせるには、次のふたつの方法があります。
ひとつめは、メニューバーの［同期の設定］をクリックして表示されたメニューから［今すぐ同期］を選択するする方法です。もうひとつは、［Dreamweaver CC］メニュー（Windowsは［編集］メニュー）の→［Adobe ID］→［今すぐ同期］を選択する方法です。
どちらの方法でも、すぐに同期が始まります。同期環境後には「同期終了」と表示されて、タイムスタンプが更新されます。

メニューバーの［同期の設定］でも同期を行うことができる

［Dreamweaver CC］メニュー（Windowsは［編集メニュー］）→［Adobe ID］を選択し、同期を行うこともできる

COLUMN

ワークスペースについて

パネルや画面下部のプロパティインスペクタは使いやすい位置、サイズに自由に変更ができます。パネル、プロパティインスペクタの表示されている状態をワークスペースといい、［標準］と［デベロッパー］のふたつが用意されています。初期設定では［標準］が設定されています。［▼］をクリックして表示されたメニューから、［新規ワークスペース］や［ワークスペースの管理］を選択し、現在のワークスペースの保存、削除などを行うことができます。

※［デベロッパー］は、コーディングに集中したい人向けです。サイズの大きいファイルでも作業が早く、50以上のファイルタイプをサポートしています。コーディングに慣れていない人は、［標準］がオススメです。

デベロッパーワークスペース

Webサイトの基本

An easy-to-understand guide to Dreamweaver

Lesson 02

Webサイト制作で必要な基礎知識を学びます。制作の流れを理解し、Dreamweaverはどの工程でどのように使われるのかイメージします。またWebサイト閲覧で必要なブラウザーの設定も行います。

Lesson 02　Webサイトの基本

2-1 Dreamweaverを使って制作するための基礎知識

はじめにWebサイトとは何かを理解しましょう。Webサイトのデザイン時に使用する「Photoshop」、「Illustrator」などのソフトの役割やWebサイトを構成する「HTML」、「CSS」、「JavaScript」について学びます。

Webサイトの基本

Webサイトとは？

「Webサイト」とは、インターネット上のサービスのひとつである「World Wide Web (ワールド ワイド ウェブ、略名: WWW)」上で提供される、テキスト、画像、動画などを含んだ一連の情報のまとまりです。
「Web」という言葉自体は「蜘蛛（クモ）の巣」という意味で、世界中のWebサイトがインターネット網で繋がれている様子から作り出されました。「サイト」とは「場所・敷地」といった意味になります。また、Webサイトから別のWebサイトへと次々に移動することを、「ネットサーフィン」と呼びます。

Webサイトは、たとえば「www.google.co.jp」や「gihyo.jp」といった「ドメイン（Webサーバー上の領域）」で管理されます。ドメイン配下には情報毎にフォルダーを作成し、テキスト、画像、動画、音楽などのファイルを組み合わせた階層構造（ディレクトリ構造）に整理され、Webサイトは構成されます。
Webサイトのことを「ホームページ」、「サイト」と言ったりしますが、本書では「Webサイト」で統一します。またWebサイト内の独立した各ページは「Webページ」で統一します。

インターネットとWebサイト

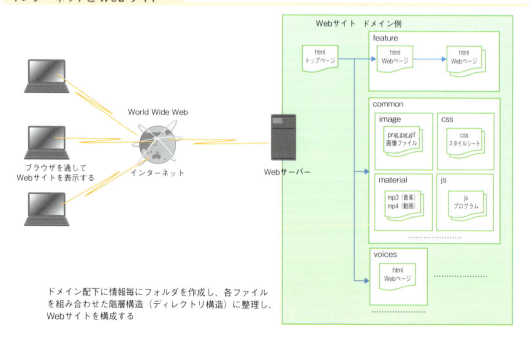

ドメイン配下に情報毎にフォルダを作成し、各ファイルを組み合わせた階層構造（ディレクトリ構造）に整理し、Webサイトを構成する

030　　Windowsでは、キーは次のようになります。　⌘ → Ctrl　option → Alt　return → Enter

現在のWebサイトの状況

総務省発表の平成28年末のインターネット利用者数は人口の83.5%。つまり、日本では約8割の人が何らかのWebサイト、Webサービスを利用しています（総務省「平成29年版 情報通信白書」より）。現在のWebサイトは情報を見る、知る、発信する手段だけではなく、商品を売るECサイトやコミュニケーションを取るSNSサイトなど様々な目的のサイトがあり、日々世界中で新しいWebサイト、サービスがオープンしています。

以前のWebサイトはパソコンで見るというのが一般でしたが、スマートフォン、タブレッドの普及により、様々なデバイスでWebサイトが見られるようになってきました。

どんなデバイスであってもWebサイトは基本的に「HTMLで構造を作り」、「スタイルシート（CSS）でレイアウトとデザインを行い」、「JavaScriptやPHPなどのプログラムで動的な動きを実装」して、完成します。

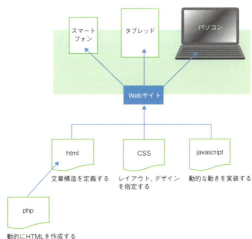

サイトの概念

WebサイトはHTMLで文章構造を定義し、CSSでレイアウト・デザインを行い、JavaScriptで動的な動きを実装する

Webサイト制作の基礎知識

Webサーバーとローカルコンピューター

「サーバー」とは、サービスを提供するコンピューターのことです。サーバーからサービスを受け取る側をクライアントと呼びます。サーバーには、「Webサーバー」、「ファイルサーバー」、「メールサーバー」、「DNSサーバー」、「FTPサーバー」など、多数の用途・種類があります。その中でも、Webサイトを表示させておくために必要なのがWebサーバーです。

Webサーバーとは簡単にいうとインターネットを通じて情報送信を行うコンピューターのことです。作成したWebサイトはWebサーバー上に置き、公開します。

対してローカルコンピュータ（以後、ローカル）は、皆さんが使用している一般的なパソコンのことを指します。Dreamweaverではローカルで制作しているWebサイトの場所を「ローカルサイト」といい、公開用のWebサーバーの場所を「リモートサイト」と呼び、区別して管理するようになっています。

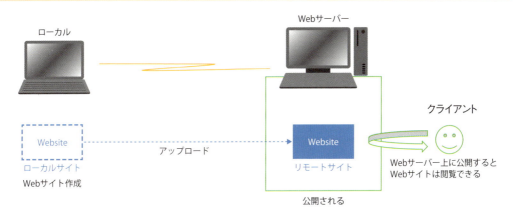

Webサーバーとローカル

Lesson 02　Webサイトの基本

Webサイト制作でオススメのツールとサービス

サイトデザインに重宝するツールとサービス

・Adobe Photoshop
Photoshopは写真加工、画像編集などをするソフトです。ラスター画像なので、画像を拡大や変形すると画像が粗くなってしまいますが、細かいグラフィック表現が可能です。Webデザインのデザインカンプは一般的にPhotoshopで作成します。またWebサイトで使用する写真素材の加工、ボタンなどの装飾素材を作成する際も使用します。

本書のサンプルサイトはPhotoshopでデザインカンプを作成している

・Adobe Illustrator
Illustratorはイラスト制作、ロゴ、図面や広告のレイアウトのデザインなどを制作するソフトです。ベクター画像なので、画像を拡大、変形しても劣化しないのが、特徴です。Webデザインではロゴ制作、イラスト画像、その他、装飾素材を作成します。Photoshopとの連携も簡単に行えるため、デザインカンプをIllustratorで作成するクリエイターも多いです。

Illustratorはロゴやイラストの制作で使用する。デザインカンプをIllustratorで作成する場合もある

・Adobe Stock
Adobe Stockは、1億点を超える高品質の画像、グラフィック、ビデオ、テンプレート、3Dアセットも収録していますのでWeb制作に必要な素材が見付けることが可能です。Creative Cloudと連携することでライセンス購入後は自動的に高解像度画像に差し変わるため、編集作業がとても早く行えます。

CCユーザーはAdobe Stockの素材を使用することができる

COLUMN

「フラットデザイン」と「マテリアルデザイン」

Webサイトのデザインにも流行があります。そのひとつが、2012年頃から流行りだした「フラットデザイン」です。これは、影やグラデーションによる「奥行き」や「立体感」などを表現しない「平面的なデザイン」のことです。ただ、シンプルすぎるため、見出し、本文、ラベル、ボタン、テキストインプットなどの区別がつきづらいなど問題がありました。
そこで、Googleが2014年に「マテリアルデザイン」という「もっと見やすく、直感的に分かるように」するために「デザインのガイドライン」を発表しました。色や影の使い方、ボタンの位置や形、アニメーションの動き方など様々なルールを定めました。規則性をガイドラインでより明確化することで、パッと見たときに、「何がどこにあり、どうやって操作したら良いのか」が直感的に迷わずに操作できるようなWebページが制作できます。

Googleのサービス、アプリ、Webサイトのほとんどがマテリアルデザインで作られています。

032　　Windowsでは、キーは次のようになります。　⌘ → Ctrl　　option → Alt　　return → Enter

Webサイトの構成要素とは

Webページを構成する基本のHTML

みなさんがいつも見ているWebサイトはHTML言語で記述されています。「HTML」とは、「HyperText Markup Language」(ハイパー テキスト・マークアップ・ランゲージ) の略で、「<」「>」でくくられた「タグ」と呼ばれる記号を使用してWebページはできています。

HTML自体は文字のみで形成され、画像や動画も、タグによる指示でWebページ内に呼び出されることでキレイなデザインのページができあがります。そのためDreamWeaverを利用する際に、HTMLの知識は欠かせません。HTMLの詳しい説明は後ほど行います。

すべてのWebサイトはHTMLで文章構造を定義し、作成される

CHECK! 最新のマークアップ言語 HTML5.3

2014年にW3CからHTML5がリリースされました。ただし、実はそれ以降も仕様のマイナーアップデートは行われており、2018年2月6日にHTML5.3がリリース。新しい要素や属性が追加されています。詳しくは、W3Cのホームページで確認してみてください。
https://www.w3.org/TR/html53/changes.html

W3Cとは、ティム・バーナーズ＝リーによって創設された、HTMLやXMLをはじめとするWWW(World Wide Web)で利用される様々な技術の標準化を推進することを目的とした非営利団体の名称。

Webページをデザインするスタイルシート (CSS)

HTMLがWebページの文章構造を定義するのに対し、「スタイルシート」(以下、CSS) はWebページのレイアウトデザインの役割を担います。HTMLとCSSは別々のファイルに分けて記述することで、メンテナンスしやすくなります。

HTML5と同様にCSSでも「CSS3」という新世代バージョンがあり、多くのWebサイト、スマートフォンなどのアプリで使用されています。本書ではCSS3で追加されたプロパティの説明もしていきます。

CSSではWebサイトのレイアウト、デザインを定義する

COLUMN
動的にHTMLを作成できるPHP

Webサーバー上で動的にHTMLを作成するのが「PHP」です。ブログ、コーポレートサイトでよく使われるWordPressなどのCMSはPHPを使い動きます。お問い合わせフォームや、メールの自動送信にも使われます。今回、本書では触れませんが、Dreamweaverを使ってプログラミングするクリエイターもいます。

Webページを動かすJavaScriptとは？

「JavaScript」とはブラウザー上で動作するプログラム言語のひとつです。

たとえば、「ポップアップウィンドウを表示したい」、「スライドショーをつけたい」、「画像をクリックしたら大きく表示したい」、「メニューをクリックするとサブメニューを表示したい」などの動作をさせたいとします。これらはすべてJavaScriptで実現できる機能です。ほかにもユーザの操作に合わせてCSSを変更したり、アニメーションを付けるなど変化や動きのあるページを「動的なページ」と呼びますが、動的なWebページを制作する際はJavaScriptを使用します。たとえば、Webサイト「http://gihyo.jp/book/」のトップページ画像が複数スライドするプログラムは、「jQuery」というJavaScriptライブラリを使用して、実装されています。

この「jQuery」はWebブラウザー用のJavaScriptコードを、よりシンプルに記述できるようにするため開発されました。2006年のJohn Resig氏が最初のバージョンを公開し、現在は「jQuery Team」で更新されています。

現在では、世界中のプログラマーがWebサイトで使える様々な機能のjQueryプラグインを作り、無料で公開しています。

jQueryのサイト　http://jquery.com/

「http://gihyo.jp/book/」では設定した時間で画像が切り替わる機能が実装されている。これはJavaScriptで制御されている

Webサイトでアニメーションを実現する

以前のWebサイトでのアニメーションは、Adobe社の「Flash」というソフトから作成された「SWFファイル」をFlash Playerで表示する方法が標準でしたが、現在は「HTML5」、「CSS3」、「JavaScript」を駆使して実現する方法に移行しています。

これは、2010年にApple社のiPad、iPhoneでの「Flash不採用（swfファイルを表示させない）」に端を発しているといわれています。

しかし、Flashはなくなった訳ではなく、「Adobe Animate CC」として今も生き続けています。Animate CCでは、グラフィックを描きタイムラインで動きをつけ、スクリプトでインタラクティブな操作を実装できます。初心者でも手軽に使えるうえに、TVのアニメまで作れてしまう幅の広さがAnimate CCの最大の魅力です。また、HTML5に書き出す機能があるので「動くWebコンテンツ」を自由に作ることができ、Dreamweaverに埋め込むのも簡単です。LINEアニメスタンプの製作にもAnimate CCが役立ちます。

最新の「Adobe Animate CC」ではFlash Playerがなくても再生が可能、Web用に強化されている

2-2 プレビュー用ブラウザーの登録

プレビュー用ブラウザーの登録

制作したWebサイトをブラウザーでプレビューできるように登録します。本書では「Chrome」、「Safari」、「Firefox」を使用していきますが、ほかのブラウザーを使用している場合はそちらのブラウザーも登録しておくと便利です。

Step 01 新規ブラウザーの登録

まずDreamweaverを起動して、新規ドキュメントを開きます。そして、[環境設定] ダイアログボックスの [リアルタイムプレビュー] から、新規ブラウザー「Google Chrome」の登録をしてみます。

1 新規ドキュメントを作成します。ステータスバーの「リアルタイムプレビュー」をクリックして❶、表示された [ブラウザーでプレビュー] の [一覧を編集] をクリックします❷。

2 [環境設定] ダイアログボックスの [カテゴリ] で [リアルタイムプレビュー] を選択して表示されます❶。[+] をクリックします❷。

3 [ブラウザーの追加] ダイアログボックスが表示されます。[名前] に「Google Chrome」と入力します❶。[参照] をクリックして❷、「Google Chrome.app」（Windowsは「Chrome.exe」）が格納されているパスを設定します❸。正しく入力されていれば、[OK] ボタンをクリックします❹。
Macの場合のパス例（※環境によって異なります）：
Macintosh HD:Applications:Google Chrome.app

035

Lesson 02　Webサイトの基本

4 ［環境設定］ダイアログボックスで「Google Chrome」が追加されていれば❶、［適用］をクリックし❷、［閉じる］環境設定画面を閉じます❸。

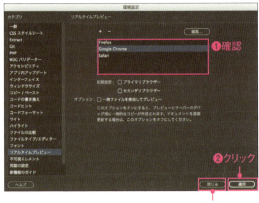

CHECK! 環境設定を表示する

［環境設定］ダイアログボックスは、［Dreamweaver CC］メニュー（Windowsでは［編集］メニュー）→［環境設定］を選択すると、表示できます。

COLUMN

Webブラウザーの基礎知識

「ブラウザー」とはWebサイトを閲覧するソフトウェアです。HTML、CSSを解釈し、JavaScriptなどのプログラムを稼働させる機能があります。正式には「Webブラウザー」といいますが、「ブラウザー」ともいいます。
ブラウザーには多くの種類があり、現在の主要なブラウザーは以下になります。
・Internet Explorer（通称IE：マイクロソフト社）
・Microsoft Edge（マイクロソフト社）
・Chrome（Google社）
・Firefox（Mozilla社）
・Safari（Apple社）

Netmarketshare社のレポートによると2018年1月では、Windows用のブラウザーで、「Internet Explorer」のシェアが約11.8％、「Microsoft Edge（マイクロソフト社）」が約4.6％、「Chrome（Google社）」が約61.4％、「Firefox（Mozilla社）」が約10.8％、「Safari（Apple社）」が約3.4％となっています。
またブラウザーには、機能や設定を追加したりパーソナライズできる簡易プログラム「拡張機能」があります。Webサイト制作にとても役立つ機能が沢山ありますので、自分好みにカスタマイズしてみましょう。

「Chome」は、「Blink」というレンダリングエンジンを搭載

「Firefox」は、「Gecko」というレンダリングエンジンを搭載

「Internet Explorer」はWindowsの標準ブラウザー。レンダリングエンジンは「Trident」

「Safari」はMac OS Xの標準ブラウザー。レンダリングエンジンは「Webkit」

「Microsoft Edge」はWindows 10からのの標準ブラウザー。レンダリングエンジンは「Trident」

2-2 プレビュー用ブラウザーの登録

Step 02 ファイルの確認

Step01で登録した「Google Chrome」ブラウザーでファイルを表示します。

1 Step01から続けての作業となります。ステータスバーの[リアルタイムプレビュー]を選択し❶、追加された[Google Chrome]をクリックします❷。また、デバイス（スマートフォンなど）でのプレビューの確認は、表示されているQRコードをデバイスでスキャン、もしくは表示されているURL入力から、Webページのプレビューを確認できます❸。なお、その場合は使用しているDreamweaverと同じAdobe IDでのログインが必要となります。

2 「変更を保存しますか？」というポップアップが出てくるので、任意の場所に保存します❶。するとChromeが起動し、ブラウザーに表示されます❷。

[Google Chrome]が立ち上がり、HTMLが表示されます。ここでは、HTMLに何も記述していないので、真っ白な状態です。

COLUMN

プライマリーブラウザーとセカンダリブラウザーの登録

HTMLファイルのコーディングが一段落したら、実際にブラウザーで表示を確認します。ステータスバーの「リアルタイムプレビュー」でブラウザーを立ち上げましょう。「プライマリブラウザー」とは一番目、「セカンダリブラウザー」は二番目という意味です。よく使うブラウザーを「プライマリ」に設定しておくといいでしょう。プライマリブラウザー、セカンダリブラウザーの登録は[環境設定]ダイアログボックスの[リアルタイムプレビュー]上で設定できます。

プライマリブラウザーを表示させるショートカットキーは、Macでは option + F12 キー、Windowsは F12 キー

セカンダリブラウザーを表示させるショートカットキーは、Macでは ⌘ + F12 キー、Windowsは Ctrl + F12 キー

Exercise ― 練 習 問 題

 Lesson 02 ▶ L2 Execire ▶ L2 EX ▶ index.html

 練習問題のレッスンファイル「index.html」を、
登録したさまざまなブラウザーや、
スマートフォンなどで表示してみましょう。

Before

After

【Google Chrome】

【Safari】

【Firefox】

【iPhone 7】

●01 レッスンファイルをDreamweavreで開きます。
●02 ステータスバーの[リアルタイムプレビュー]を選択し、確認したいブラウザーを選択します。
●03 選択されたブラウザーが起動し、[index.html]がブラウザー上で確認できます。
●04 そのほかのブラウザーも同様の手順で確認します。
●05 デバイスでの確認は、スマートフォンなどでQRコードスキャン、またはURL入力からAdobe IDにログイン後、スマートフォンのブラウザーで確認できます。

Dreamweaverによるサイトの定義

An easy-to-understand guide to Dreamweaver

Lesson 03

WebサイトはフォルダーとファイルでE構成されています。はじめに一般的なWebサイトの構成やURL、ファイルなどの名前のルールを学び、次に実際にDreamweaver上でWebサイトを定義し、サイトの構成を作っていきます。

Lesson 03　Dreamweaverによるサイトの定義

3-1　Webサイトのフォルダー構成

Webサイトはフォルダーごとにカテゴリを作り、ファイルを配置して構成されています。一般的なフォルダー構成やフォルダー、ファイルの名前のルールなどについて、学びます。

フォルダー構成について

Webサイトマップとフォルダー構成

Webサイトを制作する際には、はじめに情報を分析し、カテゴリ分けしながら、「サイトマップ」を作ります。「サイトマップ」＝「フォルダー構成」と考えてください。
作成サイトではフォルダーをカテゴリごとに「about」、「common」、「contact」、「news」、「staff」と分けて作成しています。

「common」は各ページで使用するCSS、JavaScript、画像などを格納するフォルダーです。「CSSを格納するフォルダー」、「画像を格納するフォルダー」と役割を明確に分けてフォルダーを作成しておくことで、Webサイト全体の構造が把握しやすくなります。

フォルダー構成の例。ファイルパネルで作成や削除、確認ができる。フォルダーは、フォルダーごとに情報を分類するようになっている

フォルダー名、ファイル名のつけ方

フォルダー名は基本的に英数字のみを使用します。英字や数字を羅列するのではなく、一目見て何の情報かわかる名前でフォルダー、ファイル名を命名します。

下にフォルダー、ファイルを命名する際の注意点をまとめましたので、参考にしてください。

名前の注意点

1. 英数字のみを使用する
   例：「news」、「staff」、「home」、「20180707」など
2. 小文字を使用する
   例：a〜z
3. 記号（"-"ハイフン、"_"アンダースコア以外）は使用しない
   例："\"、"/"、"."、","、":"など
4. 機種依存文字は使用しない
   例：①〜⑨、半角カタカナなど
5. 全角スペース、半角スペースは使用しない
   例：「news」、「staff」、「home」、「20180707」など

> **COLUMN**
> **imagesフォルダーについて**
> 画像数が少ない場合はcommonフォルダー内のimagesフォルダーで一括管理してもよいですが、大量にある場合はカテゴリごとに分けてフォルダーを作成してください。PhotoshopやIllustratorなどでデザインし、「Web用画像に最適化（スライス）」を行うと、imagesフォルダーが自動で作成され、画像が格納されます。

Windowsでは、キーは次のようになります。　⌘ → Ctrl　　option → Alt　　return → Enter

URLの構成について

Webサーバーとローカルコンピューター

「URL」(Uniform Resource Locator)とはインターネット上のWebページの場所を指定している住所のようなものです。独自のドメインを取得後、Webサイトを作成し、Webサーバー上にアップロードすると、Webサイトの構成がそのままURLとしてインターネット上に公開されます。URLはWebサーバー上で「スキーム://ホスト.ドメイン/フォルダー/ファイル」で構成されます。フォルダー階層は「/」(スラッシュ)で区切られます。

一般的なURLの構成例

フォルダ、ファイルは「/」(スラッシュ)で区切られる

https://www.gihyo.co.jp/feature/index.html

スキーム(通信プロトコル) / ホスト / ドメイン / フォルダ / ファイル

ファイル名「index.html」について

ほとんどのWebサイトはドメイン(たとえば「gihyo.jp」)のみを入力してもWebページが開かれます。これはWebサーバーの設定で、たとえば「gihyo.jp」にアクセスがあれば、「index.html」を表示する」という設定になっているからです。通常のURLであれば、ファイル名まで入力する必要がありますが、ファイル名を「index.html」に設定しておけば、ファイル名を省略し、Webページを表示することができます。

また、フォルダーをカテゴリ毎に分けてhtmlファイルを「index.html」という名前で配置すると、URLも短くなり便利というメリットがあります。

しかし、Dreamweaverでサイトを管理すると、ドキュメントウィンドウのタブには「index.html」とのみ表示されるので、トップページの「index.html」なのか、ほかのカテゴリの「index.html」なのか、パッと見て見分けがつきません。そのため、管理をしやすくするために、「index.html」というファイル名はトップページ、または大きなカテゴリのトップでのみで使用するのがオススメです。なお、Webサーバーの設定により「index.html」以外も指定可能です。

Webサーバーに指定したHTMLファイル名を設定すると、WebページのURLを省略し、Weページを表示できる

「index.html」はトップページ、または大きなカテゴリのトップでのみ使用するのがオススメ

> **CHECK!** 拡張子「.html」と「.htm」について
>
> 古いWebサイトを見ると、Webページの拡張子が「.htm」になっているものがあります。これはWindows95時代の名残で、現在では「.html」と付けるのが一般的です。

3-2 Dreamweaverでのサイト定義手順

Webサイトを作成する前にDreamweaverで作成するサイトを定義します。FTPやリモートサイトの定義は「Lesson15 サイトの公開と管理」で詳しく説明していきます。

サイトの定義について

サイトを制作する前にDreamweaver上でサイトの定義をする必要があります。はじめに作業をする際は、制作者のローカルコンピューターの設定だけで構いません。Webサーバーへ制作したサイトをアップロードする際はサーバーの設定が必要になります（Lesson15で説明）。サイト定義は［サイト設定］ダイアログボックスで行ないます。

CHECK! サイト名は識別しやすい名前を付ける

［サイト名］はDreamweaver上でサイトを管理するための名前です。日本語も使用できるので、わかりやすい名前を付けてください。サイト定義後の変更も可能です。

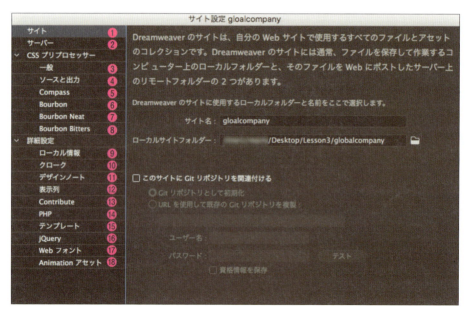

❶ Dreamweaver上で管理するサイト名と制作で使用するローカルフォルダーを指定する
❷ Webサーバーへアップロードする際のサーバー情報を設定する。サイトを公開する際に設定する
❸ CSSプリプロセッサーの一般設定を行う
❹ SASS/SCSSファイルの出力フォルダー、ソースフォルダーを設定する
❺ compassを使用する際に必要なファイルをインストールできる
❻ bourbonをサイト内の指定したルートフォルダーにインストールできる
❼ bourbon Neatをサイト内の指定したルートフォルダーにインストールできる
❽ bourbon Bittersをサイト内の指定したルートフォルダーにインストールできる
❾ デフォルのイメージフォルダーを設定する
❿ クロークを設定する。クロークに「ファイル拡張子」を設定しておくと、ファイルをアップロードする際に、設定されたファイルは除外される
⓫ Fireworks、Flashで使用されるデザインノートの設定。自動で作成される
⓬ ファイルパネル上の表示列の設定
⓭ Contributeを有効化する際に指定する
⓮ サイトのPHPバージョンを設定する
⓯ テンプレートファイルをアップロードする際、既存ページの相対パスが上書きされないようにするため、チェックを入れておく。初期設置ではチェック済み
⓰ JQuery Widgetwを使用する際、アセットが保存される場所。自動で作成される
⓱ Webフォントを使用する際、Webフォントファイルが保存される場所。自動で作成される
⓲ Animationを使用する際に指定するフォルダー。自動で作成される

Step 01 新規Webサイトを定義する

新規サイトを定義し、レッスンフォルダー内のサイト「globalcompany」を取り込みます。

Lesson 03 ▶ globalcompany

1 [サイト]メニュー→[新規サイト]を選択します❶。

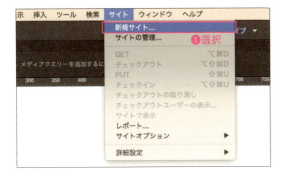

2 [サイト設定]ダイアログボックスが表示されたら、[サイト名]に任意の名前を入力します。ここでは「globalcompany」と設定しました❶。[ローカルサイトフォルダー]の右にあるフォルダーアイコンをクリックし❷、「Lesson03」フォルダー内にある「globalcompany」フォルダーを指定後❸、[保存]をクリックします❹。

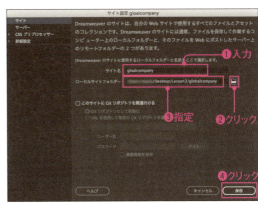

3 [サイトの管理]ダイアログボックスに、取り込んだサイトが表示されているのを確認し❶、完了をクリックします❷。

4 ファイルパネルを確認します❶。取り込んだ「globalcompany」フォルダーが表示されていることがわかります。これでサイト定義されました。

Lesson 03 Dreamweaverによるサイトの定義

3-3 サイト定義の編集と削除

新規作成したサイト定義を編集、削除するやり方と、「STE」ファイルで管理されたサイト定義のファイルの書き出し、読み込みの仕方を学びます。

サイトの管理について

サイト定義をした後、[サイトの管理]ダイアログボックスで定義したサイトの情報をリスト表示で確認できます。[サイトの管理]ダイアログボックスは、[サイト]メニュー→[サイトの管理]を選択すると表示されます。
[サイトの管理]ダイアログボックス上では定義したサイトの編集、削除、コピーといった基本的な操作を行うことができます。また、「STE」ファイル（拡張子「.ste」）の書き出し、読み込みも[サイトの管理]ダイアログボックス画面から行うことが可能です。
HTMLファイルを作成する前にサイトの定義を完了させておくことで、よりファイルの管理がしやすくなります。

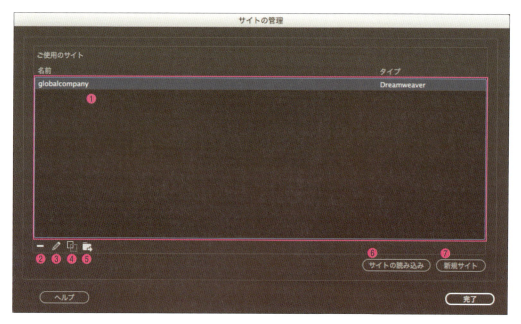

❶新規登録されたサイトが表示される
❷サイト定義の削除
❸サイト定義の編集
❹サイト定義の複製
❺選択したサイトの書き出し。拡張子「.ste」のファイル（STEファイル）で出力される
❻書き出したSTEファイルの読み込み
❼新規サイトの作成

044　Windowsでは、キーは次のようになります。　⌘ → Ctrl　　option → Alt　　return → Enter

Step 01　サイト定義の編集

[サイトの管理] ダイアログボックスを開き、043ページのStep01でサイト定義をした「globalcompany」を編集します。

1 [サイト] メニュー→ [サイトの管理] を選択します❶。

2 [サイトの管理] ダイアログボックスが表示されるので、表示されている登録サイトをダブルクリックします❶。

3 表示された [サイト設定] ダイアログボックスの [サイト名] を「globalcompany02」と変更し❶、[保存] ボタンをクリックします❷。

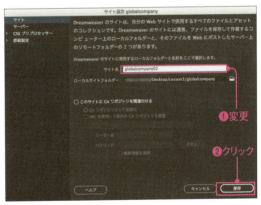

4 [サイトの管理] ダイアログボックスをみると、サイト名が変更されたのが確認できます❶。[完了] をクリックしてダイアログボックスを閉じます❷。

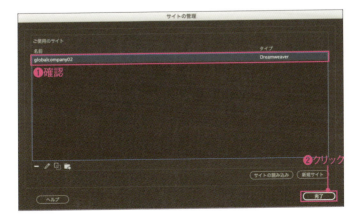

Lesson 03 Dreamweaverによるサイトの定義

Step 02 サイト定義の書き出し

［サイトの管理］ダイアログボックスを開き、Step01で編集したサイト定義の書き出しをします。

1 ［サイト］メニュー→［サイトの管理］を選択します。［サイトの管理］ダイアログボックスが表示されるので、登録したサイトを選択し❶、［サイトの書き出し］をクリックします❷。

2 ［サイトの書き出し］ダイアログボックスが表示されます。［名前］に任意のファイル名（拡張子「.ste」）を付けます❶。［保存］をクリックして任意の場所に保存します❷。

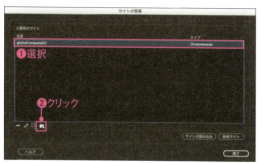

3 Finder（Windowsはエクスプローラー）で確認します。保存先のフォルダーに、サイト定義がSTEファイルとして書き出されました❶。

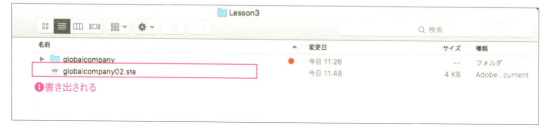

COLUMN

検索エンジンを考慮したフォルダー名やファイル名のつけ方

Webページを構成するHTMLファイルやCSSファイルなどのフォルダー名やファイル名は、ただ適当に付ければよいのではなく、「シンプルかつ分かりやすいURL」を意識して設計する必要があります。コンテンツの内容や構成に関連したキーワードを盛り込んで命名すると検索エンジンと相性のよいサイトを作ることができます。
たとえば、ほかのサイトから参照される際などは、WebページのURLをそのままリンクされることも多いので、そのアドレス自体にキーワードを入れておくことにより、ユーザーや検索エンジンが何のページか認識しやすくなります。

Step 03　サイト定義の読み込み

STEファイルを読み込めば、別途作成されたサイト定義が保存されます。ここでは、[サイトの管理]ダイアログボックスを開き、Step02で書き出したサイト定義を読み込みます。

1 [サイト]メニュー→[サイトの管理]を選択して[サイトの管理]ダイアログボックスを表示させます。登録したサイトを選択し❶、[サイトの読み込み]をクリックします❷。

2 Finder(Windowsはエクスプローラ)が表示されるので、読み込みを行うファイルを選択します❶。[開く]をクリックします❷。

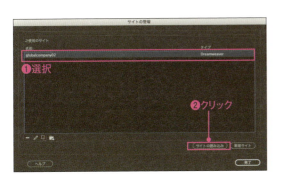
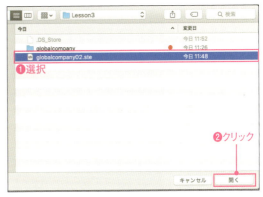

3 警告が表示されますが、そのまま[OK]をクリックします❶。

4 [サイトの管理]ダイアログボックスをみると、読み込んだファイルで新しいサイト定義が保存されたことが確認できます❶。[完了]をクリックしてダイアログボックスを閉じます❷。

Lesson 03 Dreamweaverによるサイトの定義

Step 04 サイト定義の削除

［サイトの管理］ダイアログボックスでサイト定義を削除します。ここでは、Step03で読み込んだサイト定義を削除します。

1 ［サイト］メニュー→［サイトの管理］を選択します。表示した［サイトの管理］ダイアログボックスで、Step03で登録したサイトを選択し❶、［-］をクリックします❷。

2 警告が表示されますが、そのまま［はい］をクリックします❶。

3 ［サイトの管理］ダイアログボックスを見ると、選択したサイト定義が削除されたことが確認できました❶。［完了］をクリックしてダイアログボックスを閉じます❷。

 サイト削除は Dreamweaver上 のみの削除

Dreamweaver上のサイトの管理からの削除はローカルにあるフォルダーが物理的に削除されるわけではありません。単にDreamweaver上のサイトの管理のみの削除になります。

HTMLの基本

An easy-to-understand guide to Dreamweaver

Lesson 04

WebページはHTMLというマークアップ言語で文章を定義したファイルです。HTMLをどのように記述していくか、基本的な書き方を学びます。HTMLタグは数が多いですが、よく使うものから覚えていきましょう。

Lesson 04　HTMLの基本

4-1 HTMLの基本知識

Webページは文章をHTMLタグでマークアップして作成します。ここではHTMLの基本的な書き方を学んでいきます。

HTMLとは

「HTML」とは「Hyper Text Markup Language」の略で、「ハイパーテキストをマークアップする言語」のことです。「ハイパーテキスト」とは文章内の指定したジャンプポイントによって、文章と文章を結び付ける概念です。「マークアップ」は意味づけ、目印を付けるという意味です。HTMLは文章の一部を「タグ」と呼ばれる特別なマークで囲うことにより、題名や見出し、段落などの文章構造を定義していくマークアップ言語になります。

W3Cロゴマーク

W3C（World Wide Web Consortium）はHTML、CSSなどの標準化を進める団体。1994年に設立された

HTMLで使用するタグ

開始タグと終了タグ

HTMLタグの記述は「<>」が開始タグの印で、「</>」が終了タグの印になります。開始タグの「<」と「>」の間には文章構造を指定する「タグ名」が入ります。タグ名は要素型、要素名、elementなど複数呼び方がありますが、本書では「タグ名」で統一します。

「開始タグ」、「終了タグ」でくくられた部分は「要素」といい、HTMLで表示する内容になります。
<img>タグなどの一部のHTMLタグの中には終了タグが不要な「空要素」と呼ばれるタグも存在します。

タグは開始と終了でワンセット

```
        タグ名              要素              タグ名
              要素の内容
<h1>これは、レイアウト H1タグのコンテンツです</h1>
開始タグ                                        終了タグ
```

基本的にHTMLタグは「開始タグ」と「終了タグ」がワンセットになり、成立する。ただし、<img>タグ、<hr>タグなど終了タグがなく、内容を持たない要素「空要素」と呼ばれるタグもいくつか存在する

Windowsでは、キーは次のようになります。　⌘ → Ctrl　option → Alt　return → Enter

属性を追加する場合は開始タグの中に

HTMLタグでは属性を追加しないと機能しないタグが複数存在します。
下図は技術評論社のサイトへのリンクを表す<a>タグのサンプルです。「href」という属性にリンク「https://gihyo.jp/」を指定し、「技術評論社」というテキストを表示させています。属性を追加する場合は開始タグの中に「=」を付け、「"」と「"」の間に属性値を指定します。複数の属性を追加する場合は間に半角スペースを入れて続けて記述します。
記述の順番に意味はありません。

属性追加は開始タグの中に

属性は開始タグのタグ名の後ろに記述する。「属性」は「=」をつけ「"」と「"」の間に属性値を指定する

タグはネストできる

下図のようにタグはネスト（入れ子）することで、要素を付加することができます。たとえば、「文章の中にリンクをはる」には、<p>タグ（段落）の中に<a>タグ（リンク）を入れて実現させます。
あるタグのひとつ上の階層に位置するタグを「親要素」、ひとつ下の階層に位置するタグを「子要素」と言います。

Webページを作成する場合、複数のHTMLタグをネストさせてマークアップしていきます。Dreamweaver CCでは新しくエレメントビューという機能が追加され、HTMLの大まかな構造がよりわかりやすくなるように強化されています。

入れ子状態のタグ例

タグは入れ子にもできる

`<p>これは<a href="https://gihyo.jp/">技術評論社</a>のリンクです</p>`

親要素　子要素　pタグの入れ子にする

ネストさせる場合は、終了タグの位置を間違えないように注意する

> **CHECK！ タグの記述ルール**
> - 「<>」の間には必ずタグ名を記述する
> - 「<>」の間には全角文字は使用しない
> - 「<」の後にスペースを入れない
> - タグ名は小文字で記述する
>
> タグに指定するタグ名は大文字、小文字どちらで記載してもブラウザーでは読み込めるので、問題ありませんが、一般的には小文字で記述します。本書ではタグ名は小文字で記述します。

Lesson 04 HTMLの基本

4-2 HTMLの基本構造

HTMLは<html>〜</html>で囲まれ、<head>要素、<body>要素と大きくふたつに分かれます。このふたつの要素の特性を理解し、どのようなタグがあるのか見ていきましょう。

基本構造の説明

ドキュメントタイプの指定

「DOCTYPE宣言」とは「Document Type Definition」（DTD）のことで、DTDを日本語に訳すと「文書型宣言」となります。DOCTYPE宣言によりどのバージョンのHTMLやXHTMLで作成されているかを宣言します。ブラウザーはこの宣言の内容に従って、文書を表示しますので、DOCTYPE宣言はHTMLの先頭に記述します。

バージョンによって使用できるタグや要素が違いますので、各バージョンで定められているルールを守ってソースを記述しましょう。

本書はHTML5の記述方法で学習していきますので、ドキュメントタイプは「<!doctype html>」と指定します。

HTMLの構造

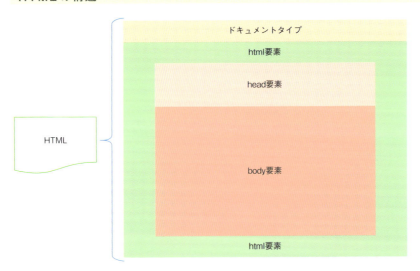

HTMLは<html>〜</html>で囲まれ、<head>要素、<body>要素と大きくふたつに分かれる

ドキュメントタイプの指定例

HTML5の場合： <!doctype html>

XHTML1.0の場合： <!DOCTYPE html PUBLIC "-//W3C//DTD XHTML 1.0 Transitional//EN"
"http://www.w3.org/TR/xhtml1/DTD/xhtml1-transitional.dtd">

DOCTYPE宣言は、大文字でも小文字でも区別されない。HTML5 からはシンプルな記述となった

HTMLドキュメントの開始と終了を指定

<html>要素の中に、<head>要素、<body>要素など、HTMLドキュメントのすべてが入ります。<html lang="ja">のようにlang属性を指定すると言語コードを指定できます。たとえば、英語の場合は「en」。lang属性は機械翻訳が正確に行なえる可能性がありますが、必ずしも入れる必要はありません。

<html>要素

<html>要素は<head>要素と<body>要素を内包する

```
<!doctype html>
<html lang="ja">
    <head>
    <meta charset="utf-8">
    <title>タイトル</title>
    <meta name="description" content="サイト概要説明">
    </head>
    <body>
        <h1>見出し</h1>
        <ul>
            <li>リスト1</li>
            <li>リスト2</li>
            <li>リスト3</li>
        </ul>
    </body>
</html>
```

<head>要素とは

<head>要素はWebページの言語、タイトル、説明、使用する外部CSSなどのファイル情報を記述します。基本的に記述内容はブラウザーには表示されません。<head>要素は検索エンジンのロボットがWebページの情報を収集したり、ブラウザーが情報を判別する際に使用します。具体的な記述方法は4-3で説明します。

<head>要素

<head>要素はWebページの情報を記述する場所、ブラウザには表示されなし

```
<!doctype html>
<html lang="ja">
    <head>
    <meta charset="utf-8">
    <title>タイトル</title>
    <meta name="description" content="サイト概要説明">
    </head>
    <body>
        <h1>見出し</h1>
        <ul>
            <li>リスト1</li>
            <li>リスト2</li>
            <li>リスト3</li>
        </ul>
    </body>
</html>
```

<body>要素とは

ブラウザーで表示されるWebページの内容を記述します。表示される文章、画像などを記述するので、<head>要素と比べると、非常に長い領域になります。HTMLの基本的な考え方として、ページ内のコンテンツは四角いブロックが積みあがるような形で掲載されます（ブロック要素）。対してブロック内に内包され、コンテンツを装飾する要素を「インライン要素」といいます。

<body>要素

<body>要素の中にブラウザに表示されるWebページの内容を記述する

```
<!doctype html>
<html lang="ja">
    <head>
    <meta charset="utf-8">
    <title>タイトル</title>
    <meta name="description" content="サイト概要説明">
    </head>
    <body>
        <h1>見出し</h1>
        <ul>
            <li>リスト1</li>
            <li>リスト2</li>
            <li>リスト3</li>
        </ul>
    </body>
</html>
```

HTML新規作成するとベースとなるタグが自動で作成される

COLUMN

HTML新規作成で自動的に付与されるタグ

Dreamweaverを起動し、新しくHTMLファイルを作成すると、ベースとなるドキュメントタイプ、<html>、<head>、<body>の各タグが自動で作成されます。ここからひとつひとつHTMLタグを記述し、Webページを作っていきます。

HTML新規作成するとベースとなるタグが自動で作成される

4-3 <head>要素の中で使用する主なタグ

<head>要素は<head>〜</head>の間に記述する要素で、ヘッダー情報としてブラウザーに解釈されます。

<head>要素で使用するタグ

Dreamweaverで<head>要素に記述するタグを入力する方法はふたつあります。ひとつは[挿入]メニューを選択し、[HTML]を選択し、設定する方法❶。もうひとつは[挿入]パネルから設定する方法です❷。
<head>要素に記述するタグは主に以下になります。
- <title>タグ・・・Webページのタイトル
- <meta>タグ・・・Webページ情報を指定する
- <link>タグ・・・CSSファイルをリンクする
- <script>タグ・・・Javascriptファイルをリンクする

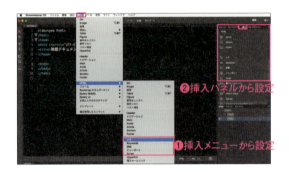

❷挿入パネルから設定
❶挿入メニューから設定

```
1 ❶<!doctype html>
2 ▼<html>
3 ▼<head>
4 ❷  <meta charset="utf-8">
5 ❸  <title>世界に通用するコンサルティング | グローバルカンパニー</title>
6 ❹  <meta name="keywords" content="コンサルティング,コンサル,海外進出">
7 ❺  <meta name="description" content="顧客満足度100％！100社以上の海外進出、業務改善、業績UPを手掛
     けてきたコンサルティング企業「グローバルカンパニー」">
8 ❻  <meta name="viewport" content="width=device-width, initial-scale=1">
9
10   <!--CSS-->
11 ❼  <link href="common/css/cssreset.css" rel="stylesheet" type="text/css">
12    <link href="common/css/style.css" rel="stylesheet" type="text/css">
13
14   <!--The following script tag downloads a font from the Adobe Edge Web Fonts server for use within
     the web page. We recommend that you do not modify it.--><script>var
   ❽__adobewebfontsappname__="dreamweaver"</script><script
     src="http://use.edgefonts.net/adamina:n4:default.js" type="text/javascript"></script>
15  </head>
```

<head>〜</head>までの記述内容はブラウザーには表示されない

❶ HTML5でマークアップするための「DOCTYPE宣言」
❷ 文字エンコーディングの指定。「UTF-8」のほかに「SHIFT_JIS」と「EUC-JP」などがある
❸ Webページのタイトルになる
❹ Webページのキーワードを指定する
❺ Webページの概要説明を指定する
❻ ビューポートは主にスマートフォン向けの表示領域とズーム倍率に関する指定になる。初期指定では「width=device-width（デバイスの横幅に合わせる）」、「initial-scale=1（ズーム倍率はなし）」という指定で作成される
❼ Webページに使用するスタイルシートのリンク先を指定する
❽ Webページに使用するスクリプトのリンク先を指定する

COLUMN

Webサイトのタイトルと詳細とキーワード設定について

<title>タグと<meta name="description" content="...">タグは、Google、Yahoo!などの検索エンジンの検索結果にも引用される重要なタグで、キーワードを効果的に散りばめて記述すればそれだけでも検索結果が上がるなど効果が期待できます。検索結果でWebサイトを多く露出をするために行う対策のことをSEO（Search Engine Optimization）対策と呼びます。検索上位を獲得することは、Webプロモーション成功の大きな鍵になりますので「title」と「description」はよく考えて入力するとよいでしょう。

Google、Yahoo!などの検索結果には<head>要素で定義するページ情報が表示される

<title>タグで設定したタイトルが表示される
<title>書籍案内｜技術評論社</title>

<meta>タグのname="description"で設定したページ概要が表示される
<meta name="description" content="パソコン書, IT書, 理工書, 実用書の出版社です。初心者の方から専門家の方まで，幅広い方に向けた書籍を刊行しています。">

<title>タグの詳細の記述

コードビューで<title>タグを選択します❶。プロパティインスペクタに［タイトル］が表示されますので、そこにページタイトルを入力します❷。タイトルの文字数は長くてもかまいませんが、32文字以内にすると見やすいでしょう。

<meta>タグの詳細の記述
<meta name="description" content="...">

［HTML］挿入パネルの［詳細］をクリックします❶。［詳細］ダイアログボックスが表示されるので、Webページの概要説明を入力し❷、［OK］をクリックします❸。詳細の文字数は、120文字以内でまとめることが多いですが、長くても200文字程度にしましょう。

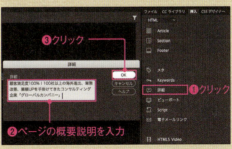

<meta>タグのキーワードの記述
<meta name="keywords" content="...">

［HTML］挿入パネルの［keywords］を選択します❶。［keywords］ダイアログボックスが表示されるので、キーワードを入力し❷、［OK］をクリックします❸。キーワードが複数ある場合は「,」（カンマ）で区切ります。キーワードは多くてもかまいませんが、5個程度に納めましょう。

Lesson 04　HTMLの基本

4-4 Dreamweaverによる HTMLの記述

DreamweaverでHTMLをマークアップしていきます。コードビューに文字を入力し、プロパティインスペクタを使いHTMLを作成していく方法と、挿入パネルを使った方法を学びます。

プロパティインスペクタ

［ウィンドウ］メニュー→［プロパティ］を選択すると、プロパティインスペクタが表示されます。プロパティインスペクタでは、HTMLの見出し、段落を指定するフォーマット、文字の強調、リスト、リンクなどの設定ができます。
プロパティインスペクタに表示される項目は、選択しているタグによって変わります。たとえば＜div＞タグなどのレイアウトに使うタグを選択している場合は、デザインやレイアウトに必要な項目しか表示されません。一方、画像を扱う＜img＞タグの場合などは、幅や高さ、代替テキストといった詳細な項目が表示されます。

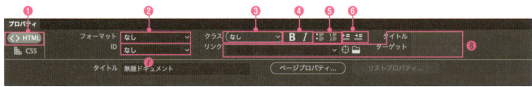

❶ HTMLタグに関する設定を表示する
❷ 見出し、段落などのフォーマットを設定する
❸ CLASS属性を設定する
❹ 文字を強調する太字、イタリックを設定する
❺ リスト、番号付きリストを設定する
❻ 文章を引用する際に設定する
❼ ID属性を設定する
❽ リンクに関する設定項目

・＜div＞タグ選択時の表示

＜div＞タグなどの構造を表すタグを選択している場合は、シンプルに表示される

CHECK! カスタムワークスペースの作成

プロパティインスペクタは、よく使用するパネルですが初期設定では表示されていません。ワークスペースとして保存しておくと、パネルを移動したり閉じたりした後でも、プロパティインスペクタを呼び出すことができますので便利です。［ウィンドウ］メニュー→［ワークスペースのレイアウト］→［新規ワークスペース］を選択します。表示された［新規ワークスペース］ダイアログボックスの［名前］にワークスペースの名前を入力して［OK］ボタンをクリックすると、ドキュメントツールバーのワークスペース切り替えコントロールに表示されます。

・＜img＞タグ選択時の表示

＜img＞タグを選択した状態だとプロパティインスペクタでより細かい設定ができる

Windowsでは、キーは次のようになります。　⌘ → Ctrl　option → Alt　return → Enter

挿入パネルの説明

画面右の挿入パネルからもHTMLタグの設定が可能です。挿入パネルで使用できるHTMLタグは用途ごとに[HTML]、[フォーム]、[テンプレート]、[Bootstrapのコンポーネント]、[JQuery Mobile]、[JQuery UI]、[お気に入り]、と8つに分類されます。

コーディングに慣れてきたら、簡単なタグはコードビューで直接入力し、属性が必要な複雑なタグの場合は挿入パネルを使用します。挿入パネルを使うメリットとしてはタグを文法通りに記述でき、かつ必要な属性を漏れなく記述できることです。

・挿入パネルで使用できるHTMLタグ

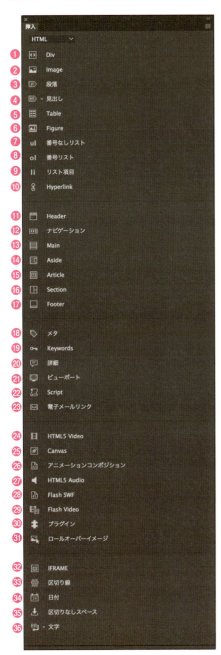

❶ <div>タグ:要素をレイアウトする
❷ <img>タグ:画像を設定する
❸ <p>タグ:段落を設定する
❹ <h1>〜<h6>、<hgroup>タグ:見出しを設定する
❺ <table>タグ:テーブル(表)を作成する
❻ <figure>タグ:図表であることを示す際に設定する
❼ <ul>タグ:リストを設定する
❽ <ol>タグ:番号付きリストを設定する
❾ <li>タグ:リストの項目を設定する
❿ <a>タグ:リンクを設定する

⓫ <header>タグ:ヘッダー部分を設定する
⓬ <nav>タグ:ナビゲーション部分を設定する
⓭ <main>タグ:メイン部分を設定する
⓮ <aside>タグ:コンテンツの付加情報を設定する
⓯ <article>タグ:コンテンツの記事部分を設定する
⓰ <section>タグ:セクション部分を設定する
⓱ <footer>タグ:フッター部分を設定する

⓲ <meta>タグ:ページ情報を設定する
⓳ キーワード:ページキーワードを設定する
⓴ 詳細:ページ情報の詳細を設定する
㉑ ビューポート:表示領域とズーム倍率を指定する
㉒ <script>タグ:Javascriptを設定する
㉓ <a href="mailto:">タグ:メールアドレスを設定する

㉔ <video>タグ:動画を設定する
㉕ <canvas>タグ:図形を描く
㉖ アニメーションコンポジション:OAMファイルを設定する
㉗ <audio>タグ:音声を設定する
㉘ Flash SWF:Flash SWFファイルを設定する
㉙ Flash Video:Flash Videoファイルを設定する
㉚ <embed>タグ:動画を設定する
㉛ ロールオーバーイメージ:ロールオーバーを設定する

㉜ <iframe>タグ:インラインフレームを設定する
㉝ <hr>タグ:区切り線を設定する
㉞ 日付を挿入する(タグではない)
㉟ 文字と文字の間にスペースを挿入する(タグではない)
㊱ 改行、引用符、©、®など、記号や特殊文字を挿入する

Lesson 04 HTMLの基本

Step 01 見出しを設定する

コードビューで見出しを設定します。見出しは<h1>～<h6>レベルの中から選択できます。ここではふた通りの手段を解説します。

Lesson04 ▶ L4-4 ▶ L4-4-S01.html

プロパティインスペクタで見出しを設定

1 レッスンファイルを開きます。コードビューの<body>タグ下の文章中のどこでもいいのでカーソルを置きます❶。プロパティインスペクタの［フォーマット］で［見出し1］を選択します❷。

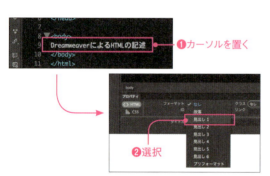

2 ライブビューでは文章の大きさが変わり❶、コードビューでは<h1>タグが入力されます❷。確認できたら、レッスンファイルを保存しないで閉じます。

挿入パネルから見出しを設定

1 再度、レッスンファイルを開きます。コードビューで<body>タグ下の文章全体を選択します❶。［HTML］挿入パネルの［見出し］の［▼］をクリックして表示されるメニューから［H1］を選択します❷。

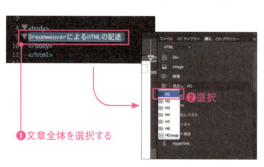

2 ライブビューでは文章の大きさが変わり❶、コードビューでは<h1>タグが入力されます❷。プロパティインスペクタで指定した場合と同じ結果になります。

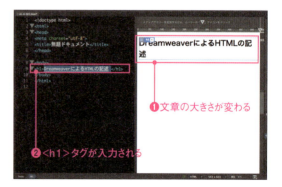

> **CHECK！　見出しレベルについて**
>
> 見出しタグは<h1>～<h6>レベルまであり、文章構造をよりわかりやすく伝えるために使用します。<h1>は一番重要度が高く、<h6>は重要度が低くなります。また検索エンジンの対策にも有効と言われています。

Step 02 段落を設定する

コードビューで段落を設定します。段落は`<p>`タグとして挿入されます。見出し以外の文章には主に`<p>`タグを使用します。ここではふた通りの手段を解説します。

Lesson04 ▶ L4-4 ▶ L4-4-S02.html

プロパティインスペクタで段落を設定

1 レッスンファイルを開きます。コードビューで`<body>`タグ下の文章中のどこでもいいのでカーソルを置きます❶。プロパティインスペクタの[フォーマット]で[段落]を選択します❷。

2 コードビューで、文章の前後に`<p>`タグが入力されます❶。確認できたら、レッスンファイルを保存しないで閉じます。

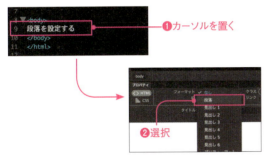

挿入パネルから段落を設定

1 再度、レッスンファイルを開きます。コードビューで`<body>`タグ下の文章全体を選択します❶。続いて、[HTML]挿入パネルの[段落]をクリックします❷。

2 コードビューで文章の前後に`<p>`タグが入力されます❶。プロパティインスペクタで指定した場合と同じ結果になります。

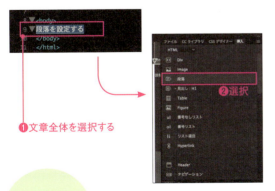
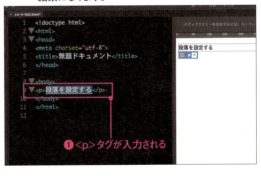

> **CHECK!** ライブビュー上で改行すると`<p>`タグが挿入される
>
> ライブビュー上で改行すると自動で`<p>`タグが挿入されるので、注意してください。コードビューでは「`<p> </p>`」と表示されます。「 」というのはHTML特殊文字で「半角スペース」のコードになります。

Lesson 04　HTMLの基本

Step 03　リストを設定する

コードビューで、3行の文章にリストを設定します。リストを設定すると<ul>タグと<li>タグが挿入されます。ここでは、ふた通りの手段を解説します。

 Lesson04 ▶ L4-4 ▶ L4-4-S03.html

プロパティインスペクタでリストを設定

1 レッスンファイルを開きます。コードビューの<body>タグ下3行の文章すべて（<p>タグごと）を選択します❶。プロパティインスペクタの［リスト］をクリックします❷。

2 ライブビューでは「●」マーカーが表示されて箇条書きになり❶、コードビューでは<ul>タグと<li>が入力されます❷。確認できたら、レッスンファイルを保存しないで閉じます。

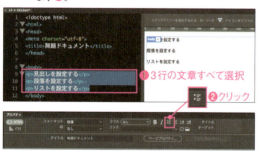

挿入パネルからリストを設定

1 再度、レッスンファイルを開きます。ライブビューでテキストをすべて選択し❶、［HTML］挿入パネル［ul 番号なしリスト］をクリックします❷。

2 ライブビューでは「●」マーカーが表示されて箇条書きになり❶、コードビューでは<ul>タグと<li>が入力されます❷。プロパティインスペクタで指定した場合と同じ結果になります。

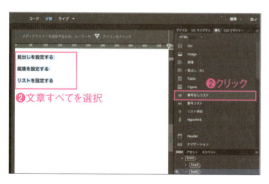

CHECK!　リストタグについて

リストは<ul>タグで<li>タグを内包して使用します。<ul>タグはリスト全体を囲み、<li>タグは箇条書きとなるリストの各項目を囲みます。リストの行頭には、「●」、「■」などのマーカーと呼ばれる記号がつきます。番号付きのリストを作成する場合は<ol>タグを使用します。

060　Windowsでは、キーは次のようになります。　⌘ → Ctrl　　option → Alt　　return → Enter

Step 04　番号付きリストを設定する

Step03で作成したリストをすべて選択し、番号付きリストに変更します。番号付きリストを設定すると<ol>タグと<li>タグが挿入されます。ここでは、ふた通りの手段を解説します。

Lesson04 ▶ L4-4 ▶ L4-4-S04.html

プロパティインスペクタで番号付きリストを設定

1 レッスンファイルを開きます。コードビューで「<ul>」のどこでもいいのでカーソルを置きます❶。プロパティインスペクタで［番号リスト］をクリックします❷。

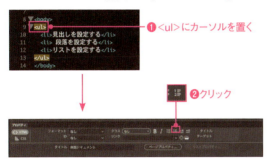

2 デザインビューでは箇条書きから番号に変更され❶、コードビューでは<ul>タグが<ol>に変更されます❷。確認できたら、レッスンファイルを保存しないで閉じます。

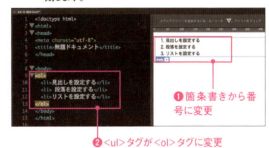

挿入パネルから番号付きリストを設定

1 再度、レッスンファイルを開きます。ライブビューでリストをすべて選択します❶。［HTML］挿入パネルで［ol 番号リスト］をクリックします❷。

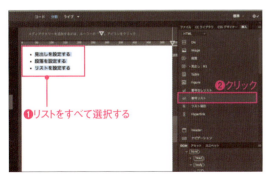

2 ライブビューでは箇条書きから番号に変更され❶、コードビューでは<ul>タグが<ol>に変更されます❷。プロパティインスペクタで指定した場合と同じ結果になります。

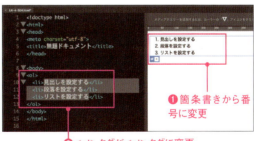

> **CHECK!** メニュー項目で多く使われるリストタグ
>
> Webサイトの「グローバルメニュー」や「記事の一覧」「カテゴリー一覧」などの「左右のメニュー項目」などにリストタグが使われます。特にメニューはリストで表示するのに適切なタグです。Webサイトを作るうえでも重要なタグなので、覚えておきましょう。

Lesson 04　HTMLの基本

4-5 文字を強調する

文字を強調するには太字、イタリック（斜体）のHTMLタグを使用します。段落などの文章構造であるタグの中にネストさせてタグを設定します。

Step 01　文字を太字にする

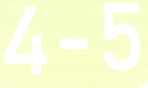

コードビューで文章に太字を設定します。太字にしたい文章を選択し、[ボールド]を選択すると<strong>タグが挿入されます。

Lesson04 ▶ L4-5 ▶ L4-5-S01.html

1 レッスンファイルを開きます。コードビューで<body>〜</body>タグ間の文章を選択します❶。プロパティインスペクタで[フォーマット]をクリックして表示メニューから[段落]を選択し❷、[ボールド]をクリックします❸。

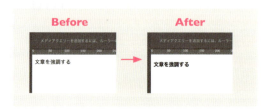

2 ライブビューでは文章が太字になり❶、コードビューでは<strong>タグが追加されます❷。

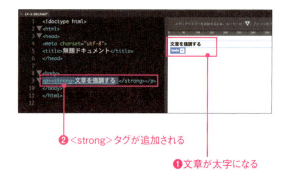

COLUMN

<strong>や<em>タグはあまり使わない？　よく使う<span>タグ

特定の単語などが意味的に重要な場合には<strong>を使いますが、見た目をただ太字にしたいだけなら、CSSで設定します。HTMLは構造の表現のみ行い、デザイン／装飾はCSSで行うのは、今のWebサイト制作の主流です。CSSを使い文字の一部を強調する場合は<span>タグで囲み、その<span>タグに対してCSSでデザイン要素を設定します。<span>タグ自体は何の意味も持っていません。文字の一部などを強調したい場合は基本的には<span>を使用するということを覚えておいてください。

Step 02 文字をイタリック（斜体）にする

Step01で作成した太字の文書にイタリックの設定をします。

Lesson04 ▶ L4-5 ▶ L4-5-S02.html

1 レッスンファイルを開きます。コードビューでStep01で作成した太字の文書部分のみを選択し❶、プロパティインスペクタの［イタリック］をクリックします❷。

2 ライブビューでは文章が太字かつイタリックになり❶、コードビューでは<em>タグが追加されます❷。

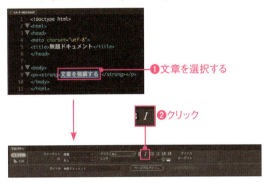

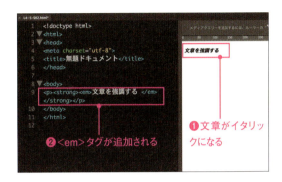

Step 03 文字に取り消し線を入れる

Step02でイタリックとした文字に取り消し線の設定をします。<s>タグは文章に取り消し線を入れるというタグになり、文章を削除したという意味を示す場合は<del>タグを使用します。

Lesson04 ▶ L4-5 ▶ L4-5-S03.html

1 レッスンファイルを開きます。ライブビューでイタリックに装飾された文書を選択し❶、［編集］メニュー→［テキスト］→［取り消し線］を選択します❷。ライブビューでは文章が太字、イタリック、かつ取り消し線が表示されます❸。コードビューでは<s>タグが追加されます❹。

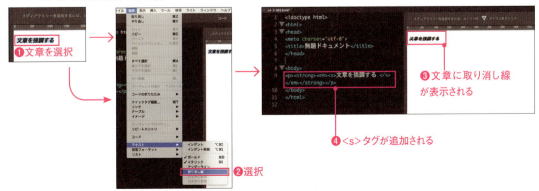

Lesson 04　HTMLの基本

Exercise──練習問題

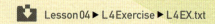 Lesson04 ▶ L4Exercise ▶ L4EX.txt

練習問題ファイル「L4EX.txt」の文章を使用して、HTMLドキュメントを作成します。
見出し、段落、リストの各タグを正しく設定しましょう。

グローバルカンパニー

顧客満足度100%！100社以上の海外進出、業務改善、業績UPを手掛けてきたコンサルティング企業「グローバルカンパニー」

2018/01/01　Global Company Japanと業務提携しました。
2017/12/26　Global Company Indiaを設立しました。
2017/12/01　Global Companyのセミナーを実施します。
2017/11/11　インターネット大学にて講演を行います。
2017/10/01　弊社のWebサイトをリニューアルしました。

Before

グローバルカンパニー

顧客満足度100%！100社以上の海外進出、業務改善、業績UPを手掛けてきたコンサルティング企業「グローバルカンパニー」

- 2018/01/01　Global Company Japanと業務提携しました。
- 2017/12/26　Global Company Indiaを設立しました。
- 2017/12/01　Global Companyのセミナーを実施します。
- 2017/11/11　インターネット大学にて講演を行います。
- 2017/10/01　弊社のWebサイトをリニューアルしました。

After

●01 Dreamweaverで新規HTMLドキュメントを作成します。別途、練習問題ファイル「L4EX.txt」を開きます。

●02「L4EX.txt」内のテキスト「グローバルカンパニー」をコピーし、新規ドキュメントのコードビューで<body>タグ下にペーストします。

●03 コードビューでペーストした「グローバルカンパニー」の文字を選択して、[HTML]挿入パネルで[見出し]→[H1]を設定します。改行して1行追加します。

●04「L4EX.txt」内のテキスト「顧客満足度〜」の一文をコピーし、コードビューで追加した行にペーストします。コードビューでペーストした「顧客満足度〜」の一文を選択し、プロパティインスペクタで[段落]を設定後、同じように改行して1行追加します。

●05「L4EX.txt」のテキスト「リストの項目」となる文書を1行コピーし、コードビューで追加した行にペーストし、そのペーストしたテキストにプロパティインスペクタで[段落]を設定します。改行して1行追加します。

●06 リストの残りも、1行ずつ同様の作業を繰り返します。

●07 リストの項目をすべて選択し、プロパティインスペクタで[リスト]を設定します。

HTMLの応用

An easy-to-understand guide to Dreamweaver

Lesson 05

このLessonでは、はじめにコードビューを使ったHTMLタグの作成を学びます。次によく使う画像、動画の挿入、テーブル、フォームなどのHTMLタグを中心に説明します。基本的なタグばかりなので、しっかり覚えてきましょう。

Lesson 05　HTMLの応用

5-1 コードビューでHTMLを入力する

Dreamweaverでは複数のHTMLの記述方法があります。慣れてきたら、コードビュー上でコードヒントをたよりにHTMLを記述するほうが早いので、オススメです。

コードビューの説明

コードビューでは実際のHTMLタグのソースが表示されます。ライブビューでコーディングを行うと不要な改行やタグが挿入されたりすることがあるので、小まめにコードビューでソースをチェックしましょう。多くのタグはデザインビュー上からプロパティインスペクタや挿入パネルを使って設定できますが、細かいタグの修正、変更はコードビューのほうが簡単です。

また、コードビューの画面左には各アイコンが表示されています。たとえば、冗長的なコードは折りたたむことも可能で、コーディングしやすいようにさまざま工夫がされています。[Dreamweaver CC]メニュー（Windowsは[編集]メニュー）→［環境設定］を選択して表示される［環境設定］ダイアログボックスの［フォント］から、コードフォントサイズも変えられますので、作業しやすいように整えましょう。

❶開かれているドキュメント名とパスを表示する
❷ファイルを管理する
❸ライブビューのソースをコードビューに表示する
❹フルタグをたたむ
❺選択範囲をたたむ
❻たたんだタグをすべて展開する
❼親子タグを選択
❽ソースコードのフォーマットを適用する
❾コメントを挿入する
❿コメントを削除する
⓫カッコ内を選択する
⓬ソースコードをインデントする
⓭ソースコードのインデントを解除する
⓮有効にするとソースがコードビュー内で折り返しをする
⓯コードナビゲータの表示
⓰最近使用したスニペットを表示する
⓱CSSルールを移動する
⓲ツールバーをカスタマイズ

ツールバーはカスタマイズからさまざまなオプションをつけられるので、作業しやすく整える

Windowsでは、キーは次のようになります。　⌘ → Ctrl　　option → Alt　　return → Enter

コードビューの利用

コードヒント

HTMLのコーディングに慣れたら、コードビュー上に直接、タグ名を入力しましょう。コードビューにはコードヒントという入力支援機能があります。たとえば、タグ名の一部を入力すると関連するタグ名が表示され、選択するだけで簡単にコーディングが可能です。コードヒントはタグ名だけではなく、タグの属性、CSSで使うIDやCLASSといった対象も表示してくれるので、効率的に入力ができます。
また、[Dreamweaver CC]メニュー（Windowsは[編集]メニュー）→[環境設定]を選択して表示される[環境設定]ダイアログボックスの[コードヒント]から、終了タグの入力設定ができます。オプションには必ずチェックを入れてください。

コメントアウト

コメントで囲んだ個所はブラウザーでは無効になり表示されません。コメントは不要なHTMLタグを削除する場合、または何のためのソースかコメントを付ける場合に使用します。HTMLでは「<!--」と「-->」に囲まれた個所がコメントとして扱われます。コメントとなった場合、コードビュー上では、グレーで表示されます。
HTMLを文書構造ごとに作成すると一部のタグは複数のタグを内包し、どこに閉じタグがあるのかが、わからなくなることがあります。こういう場合はコメントで何のタグか明示的にすると、わかりやすいソースになります。

コメントを適用するとコードビュー上ではグレー表示になり、タグは無効になる

ソースフォーマットの適用

ある程度コーディングをしていると、インデントなどが崩れてコードが読みづらくなる場合があります。その際は、「ソースコードのフォーマット」を適用し、見やすいソース表示にしましょう。コードフォーマット設定（Lesson01参照）を基に作成したHTMLのソースすべてを対象とし、フォーマットします。
部分的にインデントをする場合は[コードのインデント]をクリックします。複数人でWebサイトを制作する場合、わかりやすい、きれいなソースで書かれていると修正もスムーズに進みます。

[ソースコードのフォーマット]を適用させると、ソースがインデントされて見やすくなる

Lesson 05　HTMLの応用

Step 01　見出しを設定する

コードビューに見出しを設定します。コードヒントを表示させ、<h1>タグを選択し、見出しを入力します。

1 新規ドキュメントを作成します。コードビューで8行目（<body>）の最後で return キーを押すと、追加された9行目で入力状態になります。そこで、「<h」と入力して❶、表示されたコードヒントから[h1]を選択します❷。

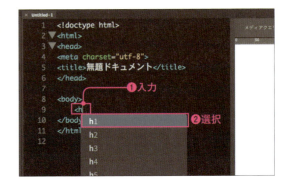

2 「>」を入力して、開始タグを閉じ、開始タグの後に任意の文章を入力します❶。ここでは「HTMLの応用」と入力しました。

3 終了タグとなる「</」を入力すると、Dreamweverでは<h1>タグを認識し、自動で「h1>」が入力されます❶。ライブビューでも文章が表示されます❷。

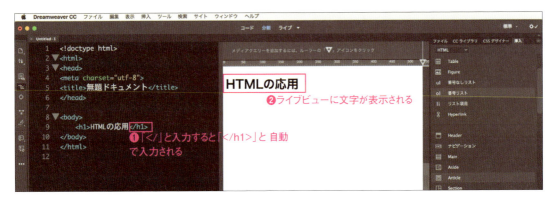

Windowsでは、キーは次のようになります。　⌘ → Ctrl　option → Alt　return → Enter

Step 02 段落を設定する

コードビューに段落を設定します。コードヒントを表示させ、<p>タグを選択し、文章を入力します。

1 新規ドキュメントを作成します。Step01と同様にして、追加した9行目で入力状態にします。「<p>」を入力し、開始タグの後に任意の文章を入力します❶。ここでは「段落を設定する」と入力しました。

2 「</」を入力して終了タグを自動で入力させます❶。ライブビューでも文章が表示されます❷。この表示文章には段落設定がされています。

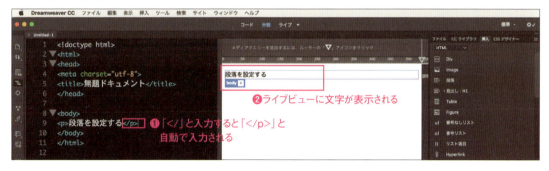

CHECK! ライブビューからHTML属性の編集

ライブビューから直接『HTML属性編集』や『クラス/ID追加』が可能です。
ライブビューでテキストをクリックすると、左下に青色のエレメントディスプレイが表示されますので、左の3本線をクリックしましょう。HTML属性の編集ダイアログボックスが開いて変更ができます。また、テキストをダブルクリックすると、ライブビューでテキスト編集もできます。

Lesson 05 HTMLの応用

Step 03 リストを作成する

はじめに<ul>タグを入力します。<ul>タグの中にリストとなる<li>タグを3行作成し、リストを作成します。

1 新規ドキュメントを作成します。追加した9行目に、開始タグ「<ul>」を入力します❶。改行して追加した行に「</」を入力し、終了タグを自動で入力させます❷。

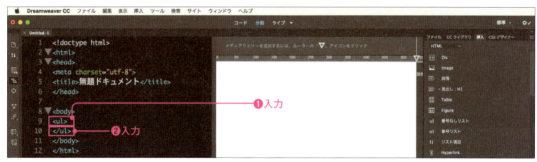

2 「<ul>」と「</ul>」の間で改行し、リストとなる「<li>」を入力し、続けて任意の文章を入力します❶。ここでは「見出しを設定する」と入力しました。「</」を入力し、終了タグを自動で入力させます❷。ライブビューにも文字が表示されます❸。

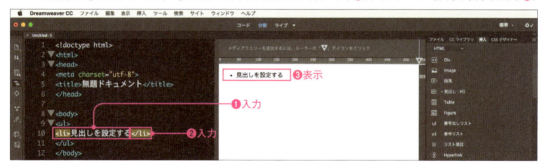

COLUMN

リストタグのいろいろ

箇条書きの項目であることを示すリストタグには、「順序なしリスト UL」、「順序ありリスト OL」、「定義・説明リスト DL」があります。これらは箇条書きの内容に応じて使い分ける必要があります。項目の順序に意味的なものがなく列挙する場合は、<ul>ではじめ子要素<li>でリスト項目を囲んで列挙します。行頭には「・」が付きます。

項目の順序に意味があり列挙する場合は、<ol>ではじめ子要素<li>でリスト項目を囲んで列挙します。行頭には番号「1,2,3,...」が付きます。リスト項目の行頭は属性を変更することでマークの種類を変更することができます。

定義語と説明文のような関連性がある場合は、<dl>ではじめ定義語を<dt>で囲み、その説明を<dd>で囲んで列挙します。行頭には何も付かず、リスト項目がインデントされます。
このように、リスト構造を意識して文書構造のしっかりしたマークアップを心がけましょう。

3 同じように<li>タグを2行作成し、リストを完成させます❶。文章は任意のものでかまいません。ここでは、画面のように文章を入力しました❷。

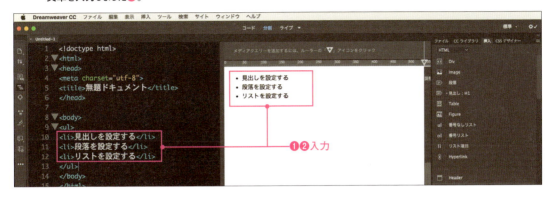

Step 04 タグをたたむ

コードビュー上の<ul>タグの中にある<li>タグをたたみます。たたんだタグは+をクリックすることで、開きます。

Lesson 05 ▶ L5-1 ▶ L5-1-S04.html

1 レッスンファイルを開きます。Step 03で作業したファイルをそのまま使用してもかまいません。Step 03で作成した<li>タグをすべて選択すると❶、[▼]がコードビューに表示されます❷。

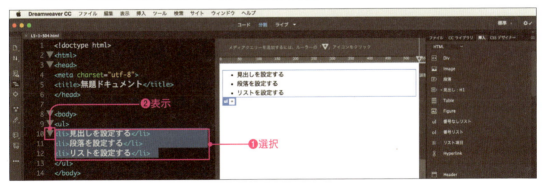

2 [▼]をクリックすると[▶]と表示が変わり、選択した<li>タグはたたんだ状態になります❶。再度、[▶]をクリックすると❷、元のように開かれた状態になり、表示も[▼]に戻ります。

Lesson 05　HTMLの応用

Step 05　ソースの一部をコメントアウトする

コードビュー上にコメントを追加し、ソースを無効にします。コメント化し、ソースを無効にすることを「コメントアウト」といいます。

Lesson05 ▶ L5-1 ▶ L5-1-S05.html

1 レッスンファイルを開きます。Step04で作業したファイルをそのまま使用してもかまいません。コードビューでコメントアウトするタグを選択します❶。ドラッグして選択する以外に、行番号をクリックしても選択できます。［コメントの適用］をクリックし❷、表示メニューで［HTMLコメントの適用］を選択します❸。

2 選択したソースがコメントアウトされてグレーになります❶。同時に、ライブビューでも表示されません❷。

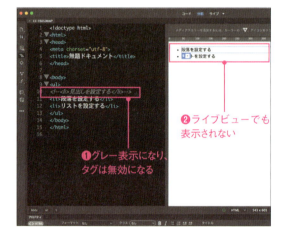

COLUMN

無料で使えるテキストエディタ「Brackets」（ブラケッツ）

「Brackets」（ブラケッツ）とはAdobeが提供してる無料のテキストエディタです。HTML、CSS、JavaScriptをはじめ、複数の言語に対応したテキストエディタとなっており、軽快な動作が特徴です。特に高機能なコードヒント機能、クイックエディット機能により素早く書きやすく設計され、拡張機能なども追加ができるので自由にカスタマイズが可能です。
Dreamweaverのエディタ機能にはBracketsの機能が組み込まれているので、Bracketsと同じ感覚でテキストエディットすることができます。

Dreamweaverのエディタ機能はBracketsのコードエンジンを取り込んでいるため、仕様が似ている。インストール直後から日本語バージョンで利用可能。http://brackets.io/

Windowsでは、キーは次のようになります。　⌘ → Ctrl　　option → Alt　　return → Enter

Step 06 ソースのコードを見やすく整形する

ソースコードに一定のフォーマットを適用することで、作成したHTMLを見やすくします。ある程度、HTMLのマークアップが終わったら、実施してください。

Lesson 05 ▶ L5-1 ▶ L5-1-S06.html

1 レッスンファイルを開きます。画面左に並んだアイコンの中から[ソースコードのフォーマット]をクリックして❶、表示メニューから[ソースフォーマットの適用]を選択します❷。

2 ソースフォーマットを適用したことで<li>タグがインデントされ❶、<ul>タグとの親子関係がわかりやすくなりました。

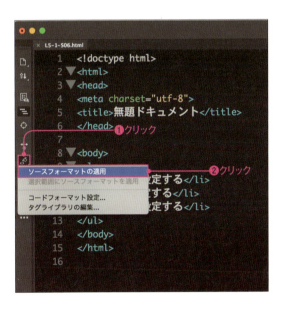

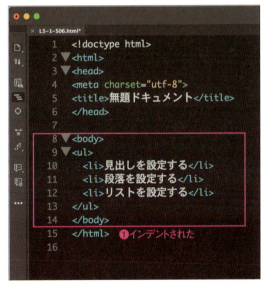

COLUMN

HTML特殊文字について

挿入パネルでタグを挿入し、コードビューでコードを確認する際によく目にするのが、「 」などのHTML特殊文字です。「 」はHTML特殊文字で半角の空白を意味します。たとえば、ブラウザーの環境によっては「¥」という文字が表示できない場合があります。そういう場合は特殊文字の「&yen;」で「¥」を表示させます。
DreamweaverでHTML特殊文字を挿入する場合は、[挿入]メニュー→[HTML]→[文字]を選択し、その中のメニューから挿入する文字をクリックします。

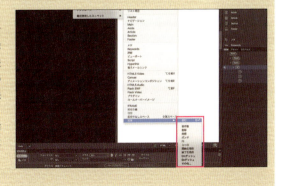

Lesson 05 HTMLの応用

文書構造を意識してHTMLを入力する

Dreamweaverを使えばWebサイトを構造化するためのタグも挿入できます。まずは構造を決めるタグを学び、サンプルに当てはめて考えてみましょう。

文書構造のアウトライン化

Webページを制作する上で、文書構造を意識してHTMLを記述（マークアップ）しましょう。

まずは<header>、<nav>、<main>、<aside>、<footer>、<section>、<article>などの大きなセクションに分けてマークアップします。加えて、意味や内容により文章をいくつかにまとめたり、分けたりするときには、<article>、<aside>、<nav>、<section>で分けることで、アウトラインと呼ばれる「階層」を作ることができます。

具体的には前述のタグの中に、<h1>～<h6>を定義します。1冊の本を例にすると、章や節、項をつくるイメージです。それにより、ソースコードが見やすくなったり、検索エンジンの検索結果にヒットしやすくなります。

文書構造とアウトライン

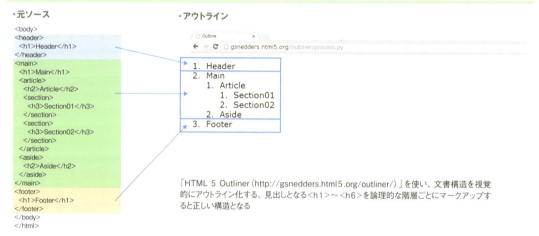

「HTML 5 Outliner (http://gsnedders.html5.org/outliner/)」を使い、文書構造を視覚的にアウトライン化する。見出しとなる<h1>～<h6>を論理的な階層ごとにマークアップすると正しい構造となる

COLUMN

2カラム、3カラムのレイアウト

作例サイトはコンテンツ領域が2カラムで構成されています。「カラム」というのは段組レイアウトのことで、1段ずつ横並びになっているということです。

現在のWebサイトをよく見ると、ほとんどは2カラム、または3カラムで構成されています。スマートフォン、タブレッド、パソコンとWebサイトを表示するデバイスはさまざまなサイズがあります。パソコンの場合は2カラムで表示させ、スマートフォンの場合は1カラムで表示させるようデバイスのサイズ毎に制御させるのが、レスポンシブデザインです。

Webサイトのレイアウトデザインを行う場合に気を付けるポイントなので、覚えておいてください。

HTMLページの一般的な文書構造

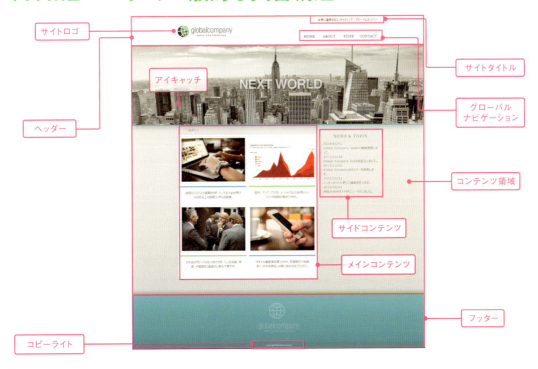

ヘッダー領域

Webページの上部にあるのが、ヘッダーです。主にサイトのロゴ、サイトのタイトル、グローバルナビゲーションなどを表示するエリアです。Webサイトの制作方針にもよりますが、基本的にヘッダー領域は全ページ共通にすることが多いです。ヘッダー領域全体は<header>タグで囲み、グローバルナビゲーション(グローバルメニュー)は<nav>タグで設定をします。メニュー数は多いと見にくくなるので、8個以内に収めるとよいでしょう。

フッター領域

Webページ下部にあるのが、フッター領域です。著作権を示すコピーライト、サイトのロゴ、お問い合わせ、または各ページへのリンクを設定します。
フッター領域は全体を<footer>タグで囲みます。
またHTML5でコピーライトをマークアップする場合は<small>タグを使用するのが、適切と言われています。コピーライトの書き方は色々ありますが、「Copyright表記」「著作物の発行年号」、「著作権 所有者の氏名/サイト名」を書くことが基本になっています(例:© 2018 globalcompany)。

コンテンツ領域

Webページの中部にあるのが、コンテンツ領域です。コンテンツ領域は大きく以下の3つに分類されます。

・アイキャッチ
サイトのイメージとなるメインイメージを配置します。JavaScriptを使い、画像を切り替えたり、特殊なエフェクトを入れることも多く、ユーザーの関心を引き付ける役割があります。

・メインコンテンツ
コンテンツ領域の中で一番大きな領域です。メインとなる領域なので、一番伝えたい情報、イメージを配置します。

・サイドコンテンツ
メインコンテンツ領域ほど目立たたせず、補足となる情報、またはバナーリンクなどを配置する領域です。

なお、HTMLのではコンテンツ領域全体を<main>タグで囲みます。メインコンテンツ、サイドコンテンツなどセクション毎に分かれるコンテンツを<section>タグ、または<article>タグや<aside>タグでマークアップします。

5-3 テーブルを作成する

Webページに表データを作成したり、問合わせフォームを作成する場合は、<table>タグを使用するときれいに作成ができます。<table>タグを使えば自由に様々なテーブル（表）を作成することが可能です。

テーブルタグについて

<table>タグは、表形式のレイアウトを簡単に作成することができます。表計算ソフトにならい、ひとつのマスを「セル」と呼び、縦の並びを「列」、横の並びを「行」と呼びます。下図のようにテーブルは複数のタグで構成されます。
<table>タグ・・表の始まりを表す
<tbody>タグ・・表のボディ部分を表す
<tr>タグ・・表の行を表す
<th>タグ・・表のヘッダーを表す
<td>タグ・・表のデータを表す
Dreamweaverで<table>タグを入力する方法はふたつあります。ひとつは[挿入]メニューから[table]を選択し、設定する方法❶。もうひとつは[挿入]パネルから設定する方法です❷。
テーブルタグは数が多く複雑ですが、Dreamweaverでは直感的に表データのフォーマットを挿入できるため、簡単にテーブルを作成することができます。

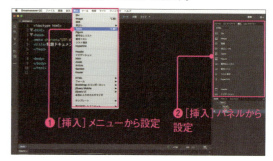

❶[挿入]メニューから設定
❷[挿入]パネルから設定

<table>タグの構造例

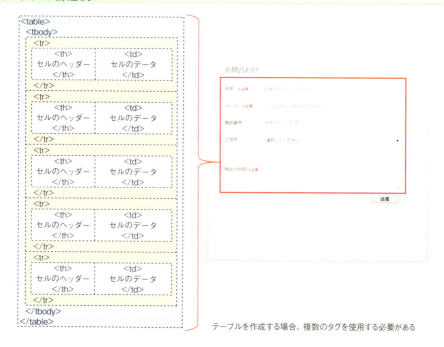

テーブルを作成する場合、複数のタグを使用する必要がある

Windowsでは、キーは次のようになります。　⌘ → Ctrl　　option → Alt　　return → Enter

[Table] ダイアログボックスについて

[Table] ダイアログボックスでは [テーブルサイズ]、[ヘッダー]、[アクセシビリティ] の3つを設定し、テーブルを作成します。テーブルサイズの [幅]、[ボーダー]、[セル内余白]、[セル間隔] を設定するとテーブルのデザインを行えますが、デザインはCSSで設定し、一元管理するのが現在の主流なので、このレッスンでは割愛します。

ヘッダーでは作成するテーブルの用途に合わせて見出しを、[なし]、[左]、[上]、[両方] から選択します。

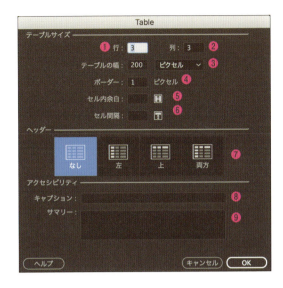

❶テーブルの行を設定
❷テーブルの列を設定
❸テーブルの幅を設定（table要素の属性：width=""）
❹ボーダーの幅を設定（table要素の属性：border=""）
❺セルの中の余白を設定（table要素の属性：cellspacing=""）
❻セルの間隔を（table要素の属性：cellpadding=""）
❼ヘッダーの位置を設定
❽テーブルのタイトルを設定（<caption>～</caption>）
❾ブラウザーに対して表の説明を設定する（table要素の属性：summary=""）

Step 01 テーブルを作成する

挿入パネルからテーブルを挿入します。まずは1列、1行のテーブルを作成します。このStepでは、テーブルはデザインビューで確認していきます。

1 新規ドキュメントを作成します。コードビューで <body></body> タグの間にカーソルを置いて、[HTML] 挿入パネルの [Table] を選択します❶。[Table] ダイアログボックスが表示されます。

2 [行] に「1」、[列] に「2」と入力します❶。ほかの項目には何も入れません。[ヘッダー] を [左] に設定して❷、[OK] をクリックします❸。

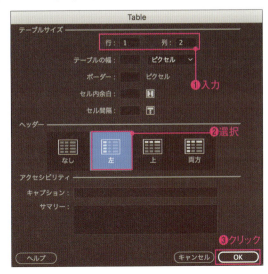

Lesson 05　HTMLの応用

3 コードビューに作成されたテーブルの<th>タグと<td>タグに任意の文章を入力します❶。ここでは、<th>タグに「2018/01/01」、<td>タグに「Global Company Japanと業務提携しました。」と入力しました。デザインビューにも上表示され、左セルがヘッダーとなり❷、右セルがデータになります❸。

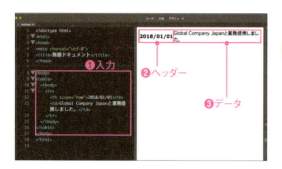

CHECK!　テーブルのヘッダーの属性

ヘッダーを左と設定し、テーブルを作成すると<th>タグに「scope="row"」という属性が設定されます。scope属性の意味はヘッダーの位置になります。
scope="row"・・・横列に対するヘッダー
scope="col"・・・縦列に対するヘッダー

Step 02　テーブルの行追加と削除

Step01で作成したテーブルに対して、行の追加と削除を行います。デザインビュー上で簡単に操作できるので、覚えておきましょう。

Lesson05 ▶ L5-3 ▶ L5-3-S02.html

テーブルの行を追加

1 レッスンファイルを開きます。Step01で作業したファイルを使用してもかまいません。Step01で作成したテーブルをコードビュー、デザインビューのどちらでもいいので選択し❶、デザインビューで選択したテーブル上にカーソルを持っていき、右クリックメニューから[テーブル]→[行の挿入]を選択します❷。

2 左のセルがヘッダー、右のセルがデータの形で、空行が一行追加されました。コードビューとデザインビューで確認できます❶。

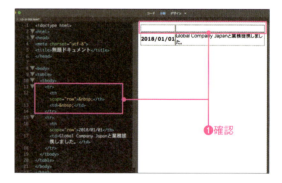

CHECK!　テーブルの設定はデザインビューが便利

コードビューでもテーブルの設定は可能ですが、デザインビューのほうがより直感的に作成、編集がしやすいので、テーブルはデザインビューで作業を行うとよいでしょう。

テーブルの行を削除

1 デザインビューで追加した行を選択し❶、右クリックメニューから[テーブル]→[行の削除]を選択します❷。

2 追加された行は削除されました。コードビューとデザインビューで確認できます❶。

Step 03　テーブルの列追加と削除

Step01で作成したテーブルに対して、列の追加と削除を行います。列は左、または右に追加が可能です。

Lesson05 ▶ L5-3 ▶ L5-3-S03.html

テーブルの列を追加

1 レッスンファイルを開きます。Step02で作業したファイルをそのまま使用してもかまいません。デザインビューでStep01で作成したテーブル「2018/01/01」を選択して❶、その下に表示されている[▼]をクリックします❷。列メニューが表示されるので、[右に列を挿入]を選択します❸。

2 「2018/01/01」の右側に列が追加されました❶。コードビューでも確認します❷。

Lesson 05 HTMLの応用

テーブルの列を削除

1 デザインビューで追加した列を選択し❶、右クリックメニューから［テーブル］→［列の削除］を選択します❷。

2 追加された列は削除されました❶。コードビューでも削除されたことを確認します❷。

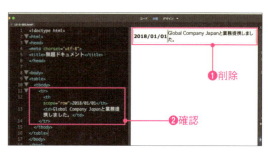

COLUMN

テーブル設定の効率化

テーブルを選択し、デザインビュー上の［▼］テーブルをクリックするとテーブルメニューが開き、テーブルの高さや幅の初期化、固定にするなどの設定ができます。またプロパティインスペクタでは、セル（行や列）を選択しているときとテーブル全体を選択しているときでは表示される項目が変わりより詳細な設定も可能です。

クリックするとテーブルの設定が表示される

テーブル全体を選択しているとき

セル（行や列）を選択しているとき

Step 04 セルのマージ（結合）

作成済みのテーブルのセルに対して、セル同士をマージ（結合）する方法を学びます。よく使う操作なので、覚えておきましょう。

 Lesson 05 ▶ L5-3 ▶ L5-3-S04.html

1 レッスンファイルを開きます。デザインビュー上で左ふたつの列を選択します❶。

2 プロパティインスペクタの［選択したセルを結合］をクリックし❶、列を結合させます。

3 一行目左のセル、2行目左のセルがマージされてひとつになりました❶。

CHECK！ セルのマージを結合するための属性

コードビューを見るとわかりますが、セルのマージを行うと対象となったセルに「rowspan="2"」という属性が追加されました。「rowspan」属性は垂直方向の結合という意味です。使用する際は結合する数を指定します。「rowspan="2"」とは縦ふたつのセルを結合という意味になります。横のセルを結合する場合は、「colspan」属性が指定されます。

Lesson 05　HTMLの応用

Step 05　セルの分割

Before / After

今度はマージの逆です。Step 04で作成した結合したセルを分割する方法を学びます。セルの結合と同じ方法です。

Lesson 05 ▶ L5-3 ▶ L5-3-S5.html

1 レッスンファイルを開きます。Step 04で作業したファイルを使用してもかまいません。デザインビューでStep 04でマージした列を選択し❶、プロパティインスペクタの[セルを縦または横に分割]をクリックして❷、列を分割させます。

2 [セルの分割]ダイアログボックスが表示されるので、[セル分割]は[行]を選択し❶、[行数]を「2」と入力します❷。[OK]ボタンをクリックします❸。

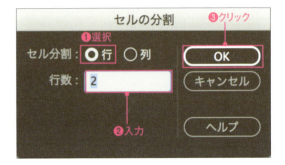

3 マージされたセルは分割され、元の状態に戻りました❶。

COLUMN

テーブルのサイズを自由に変更する

デザインビュー上でテーブルの列、または行の境にマウスを置くと幅、高さを自由に変更できます。変更された列、または行は「width」「height」属性が追加され、固定値が設定されます。

Windowsでは、キーは次のようになります。　⌘ → Ctrl　option → Alt　return → Enter

5-4 フォームを作成する

入力フォームを作成する場合は<form>タグを使用します。<form>タグの中にテキストボックス、チェックボックス、ボタンなどの部品を設定し、入力フォームを作成します。

フォームの挿入パネル

フォームの挿入パネルを開いてみるとわかりますが、挿入できる部品は数多くあります。入力フォームの部品の多くは<input>タグを使用します。<input>タグはtype属性の値を変更することで、様々な入力部品を表示できます。
たとえば、<input type="text">はテキストの入力欄、<input type="submit">は送信ボタン、などがあります。<input>タグ以外では、問合せ内容など長い文章を入れる入力欄で使用する<textarea>タグ、プルダウンメニューの<select>タグがよく使われます。

❶ <form>タグ:フォームを使用する際に設定する
❷ <input type="text">:テキストの入力欄を設定する
❸ <input type="email">:メールアドレスの入力欄を設定する
❹ <input type="password">:パスワードの入力欄を設定する
❺ <input type="url">:URLの入力欄を設定する
❻ <input type="tel">:電話番号の入力欄を設定する
❼ <input type="search">:検索ワードの入力欄を設定する
❽ <input type="number">:数値の入力欄を設定する
❾ <input type="range">:レンジの入力欄を設定する
❿ <input type="color">:色の入力欄を設定する
⓫ <input type="month">:年月の入力欄を設定する
⓬ <input type="week">:年と週の入力欄を設定する
⓭ <input type="date">:年月日の入力欄を設定する
⓮ <input type="time">:時間の入力欄を設定する
⓯ <input type="datetime">:日時の入力欄を設定する
⓰ <input type="datetime-local">:ローカル日時の入力欄を設定する
⓱ <textarea></textarea>:テキストエリアを設定する
⓲ <input type="button">:ボタンを設定する
⓳ <input type="submit">:送信ボタンを設定する
⓴ <input type="reset">:リセットボタンを設定する
㉑ <input type="file">:ファイル選択ボタンを設定する
㉒ <input type="image">:画像ボタンを設定する
㉓ <input type="hidden">:非表示データを送信する際に設定する
㉔ <select></select>:プルダウンメニューを設定する
㉕ <input type="radio">:ラジオボタンを設定する
㉖ ラジオボタングループを設定する
㉗ <input type="checkbox">
㉘ チェックボックスグループを設定する
㉙ <fieldset>タグ:入力項目をグループ化する際に設定する
㉚ <label>タグ:フォームの項目名を設定する

Lesson 05 HTMLの応用

入力フォームについて

Webサイトの問い合わせやアンケートなどで使用する「入力フォーム」は、<form>～</form>タグの間に<input>タグ、<textarea>タグ、<select>タグなどを配置し、入力する部品を設定します。右図ではテーブルでレイアウトを組み、<form>タグで囲み、各部品となる<input>タグなどを配置し、入力フォームを作成しています。

ユーザーから入力されたデータは、送信ボタンをクリックすることで、サーバー上に配置しているPHP、CGIなどのプログラムで処理され、サイトの管理者に送信されます。以前は入力データのチェックがプログラムでしかできませんでしたが、今はフォームタグの強化がされ、必須チェック（required属性）など、さまざまな機能を簡単に実装できるようになりました。

「入力フォーム」は<form>タグの中に<input>タグなどを設定し、作成する

Step 01 入力フォームを作成する

挿入パネルから<form>タグを挿入し、<form>タグの中にテキストボックスを設定します。マウスはコードビュー上に置いた状態で作業をしてください。

1 新規ドキュメントを作成します。コードビューで<body>タグの後ろにカーソルを配置して、［フォーム］挿入パネルの［フォーム］をクリックします❶。コードビューに<form>タグが入力されます❷。

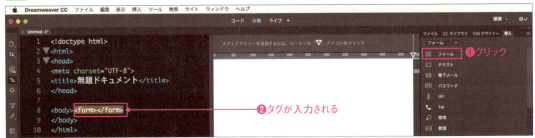

2 続けて、［フォーム］挿入パネルの［テキスト］をクリックします❶。コードビューに<input type="text">というタグが入力されます❷。

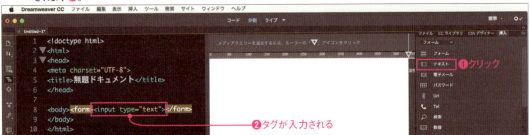

084　　Windowsでは、キーは次のようになります。　⌘ → Ctrl　option → Alt　return → Enter

3. コードビューを見ると<body>の行にこれまで挿入したタグがすべて並んでいて、見づらいので整理します。コードビューの左側に並んだアイコンの中から、[ソースコードのフォーマット]をクリックして❶、表示されたメニューから[ソースフォーマットの適用]を選択します❷。フォーマットが適用されて見やすくなりました❸。

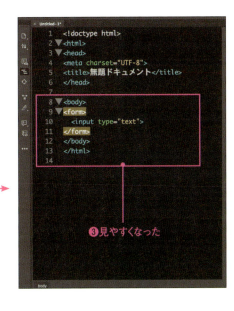

4. ライブビューを確認すると、作成したテキストボックスに文字が入力できるようになっています❶。

CHECK！ フォームを挿入する際の注意事項

ライブビュー上にマウスを置き、挿入パネルから[テキスト]などの入力欄を設定すると<label>タグ、<input>タグには属性が付与された状態でコードが挿入されますので、注意しましょう。

Lesson 05 HTMLの応用

Step 02 プルダウンメニューを作成する

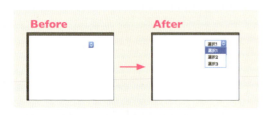

Step01で作成した入力フォームにプルダウンメニューを追加します。プルダウンメニューは<select>タグを使用し、その中の選択肢は<option>タグで作成します。

Lesson05 ▶ L5-4 ▶ L5-4-S02.html

1. レッスンファイルを開きます。コードビューで</form>の前にカーソルを置き、[フォーム] 挿入パネルの [選択] をクリックします❶。コードビューに<select>タグが入力されます❷。

2. コードビューで<select></select>タグの間にカーソルを置くと❶、プロパティインスペクタに<select>タグの設定項目が表示されます。プロパティインスペクタの [リスト値] をクリックします❷。

3. 表示された [リスト値] ダイアログボックスの [+] をクリックし❶、選択する項目を設定します。[項目ラベル] は選択時に表示されるテキストです❷。[値] はユーザーがデータを送信した際にサイトの管理者が受け取るデータになります❸。右画面のように入力したら、[OK] ボタンをクリックします❹。

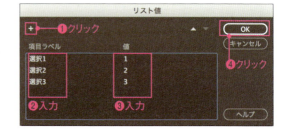

4. ライブビューでプルダウンメニューが表示されました❶。

5-4 フォームを作成する

Step 03 テキストエリアを作成する

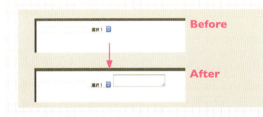

Step02で更新した入力フォームに問合せ内容を入力するためのテキストエリアを設定します。テキストエリアは<textarea>タグを使用します。

Lesson05 ▶ L5-4 ▶ L5-4-S03.html

1 レッスンファイルを開きます。Step02で作業したファイルをそのまま使用してもかまいません。コードビューで</form>の前にカーソルを置き、[フォーム]挿入パネルの[テキスト領域]をクリックします❶。コードビューに<textarea>タグが入力され❷、ライブビューにテキストエリアが表示されます❸。

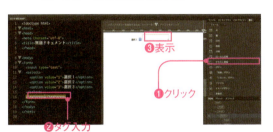

2 ライブビューでテキストエリアの右下を選択し動かすと、テキストエリアを拡大・縮小することができます❶。

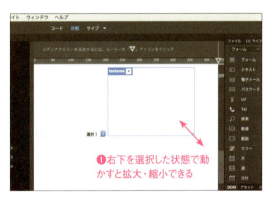

COLUMN

Dreamweaverに新しく追加されたフォーム機能

Dreamweaverのフォーム新機能は、<input>タグを選択した状態でプロパティインスペクタから属性を簡単に設定することができます。入力を必須にする「required」属性、正規表現で入力値のパターンをチェックする「pattern」属性、入力欄に入力例を設定する「placeholder」属性、入力候補を自動的に表示する「autocomplete」属性、入力候補となるリストを設定する<datalist>タグなど力など便利な機能が使用可能です。

❶フォーム部品の名前
❷CSSで使用するCLASS名
❸入力欄の表示文字数
❹入力欄の最大文字数
❺入力欄に初期値を設定
❻フォーム部品のタイトル
❼入力欄に入力例を設定
❽フォーム部品を無効にする
❾入力を必須にする
❿入力候補を表示する
⓫Webページを読み込んだら、カーソルを自動的に入力欄にフォーカスする
⓬入力欄を読み取り専用にする、入力不可
⓭<form>タグIDと関連付けする
⓮正規表現で入力値のパターンをチェック
⓯TABキーを押した際、指定した数字順にフォーカスされる
⓰<datalist>タグのIDを指定し、入力候補となるリストを設定する

087

Lesson 05 HTMLの応用

Exercise — 練習問題

Q お問い合わせフォームを想定した入力フォームを作成します。
はじめにテーブルでレイアウトを作成し、次にフォームの各タグを設定していきます。
お問い合わせフォームは、多くのWebサイトで必要なページなので、しっかり覚えましょう。

```
お問い合わせ
名前
メール
電話番号
ご用件
    項目ラベル：グローバルカンパニーについて  値：1
    項目ラベル：採用について  値：2
    項目ラベル：そのほか問い合わせ  値：3
問い合わせ内容
```

Before → **After**

● 01 新規ドキュメントを作成します。別途、練習問題ファイル「L5EX.txt」を開いてください。

● 02 コードビューで<body></body>の間にカーソルを置いて、[フォーム]挿入パネルから[フォーム]をクリックし、<form>タグを設定します。

● 03 コードビューで<form></form>タグの間にテーブルを挿入します。[HTML]挿入パネルから[Table]をクリックします。表示された[Table]ダイアログボックスで、[行]を「6」、[列]を「2」に設定し、[ヘッダー]は[左]に設定します。[キャプション]に「お問合せ」と入力します。[OK]ボタンをクリックします。

● 04 テーブルの左側セル（<th>タグ）は入力フォームのヘッダーになります。作例を見ながら、デザインビュー上でテーブルの左側のセルに入力フォームの項目を入力します。テキストは「L5EX.txt」からコピー&ペーストしてください。

● 05 テーブルの右側セル（<td>タグ）は入力フォームの部品を設定します。1行目は「名前」の入力欄の設定です。コードビューの<td>〜</td>に間に[フォーム]挿入パネルの[テキスト]を設定します。「 （空白）」は削除してください（以下同じ）。

● 06 2行目は「メール」の入力欄の設定です。コードビューの<td>〜</td>に間に[フォーム]挿入パネルの[電子メール]を設定します。

● 07 3行目は「電話番号」の入力欄の設定です。コードビューの<td>〜</td>に間に[フォーム]挿入パネルの[テキスト]を設定します。

● 08 4行目は「ご用件」の入力欄の設定です。コードビューの<td></td>間に[フォーム]挿入パネルの[選択]を設定します。コードビューで追加された<select>タグを選択し、プロパティインスペクタの[リスト値]をクリックし、「L5EX.txt」内の「ご用件」のテキストを参考にリストとなる値を設定します。

● 09 5行目は「問い合わせ内容」の入力欄の設定です。コードビューの<td></td>間に[フォーム]挿入パネルの[テキスト領域]を設定します。テキストエリアはライブビューで大きくします（作例参照）。

● 10 6行目は「送信ボタン」を設定します。コードビューの<td></td>間に[フォーム]挿入パネルの[送信ボタン]を設定します。

画像と動画を使う

An easy-to-understand guide to Dreamweaver

Lesson 06

Webサイトでは、ユーザーに対して、何かイメージを伝えたいときには、画像は欠かせません。また、Dreamweaverでは簡単に動画を挿入することができ表現の幅が広がりました。このLessonでは、画像・動画の種類や属性、挿入方法について学びます。

Lesson 06 画像と動画を使う

6-1 画像の挿入

Webサイトではたくさんの画像を使用し、Webページを表現します。画像の種類を学び、どのような画像をHTMLファイルに挿入するか学びましょう。

画像の種類について

Webサイトで使用する画像には、「JPEG」「GIF」「PNG」と3つの形式があり、用途によってそれぞれ使い分けます。たとえば、写真などの色数が多い場合はJPEG形式を使い、色数が少ないロゴ、イラストなどはGIF形式で作成します。GIF形式では表現しきれない場合はPNG形式で作成します。Web用画像のカラーモードはRGBです。印刷用の画像はCMYKで設定する必要があるので、間違わないように注意しましょう。

GIFファイル（ジフ）

「GIF」ファイルは256色（8ビット）までの色を扱うことのできる圧縮画像形式のファイルです。主にロゴ、イラストなど色数を抑えた画像で多く使われます。また簡単なアニメーションも作成できるのもGIFの特徴です。3つの形式の中では一番軽く、色数が少ない画像の場合はGIF形式で画像を作成するのがおすすめです。またGIF形式では画像に使われている1色を指定し、透明にすることができます。

JPEGファイル（ジェイペグ）

「JPEG」は約1677万色（24ビット）までの色を扱うことのできる圧縮画像形式のファイルです。デジタルカメラやスマートフォンで写真を撮影するとJPEG形式で画像が保存されます。表現できる色数が多いのが特徴で、Webサイトの画像の多くはJPEG形式で作成をします。JPEG形式で保存をする場合、圧縮率を「％」で選択できます。画像を劣化させないためには、100％で保存をするのがよいですが、そうすると画像サイズが大きくなり、Webサイト自体が重くなってしまいます。できるだけ、圧縮率を下げ、画像サイズを小さくし、保存してください。

画像形式	GIF（ジフ）	JPEG（ジェイペグ）	PNG（ピング）
拡張子	.gif	.jpg　.jpeg	.png
用途	ロゴ、イラストなど	写真	写真、ロゴ、イラストなど
表現できる色数	8ビット、256色	24ビット、約1677万色	32ビット、約1677万色
透過	あり	なし	あり
アニメーション	あり	なし	なし

画像形式は「JPEG」「GIF」「PNG」とそれぞれで用途が異なる

GIF形式の画像は、グラデーションが段階的になる

JPEG形式の画像は写真などの色数が多い画像で使用する

PNG ファイル（ピング）

Webページでの利用を前提に開発された画像形式のファイルです。一般的なグラフィックソフトでは、保存時にPNG8とPNG24という2種類が選択できます。PNG24ビット形式で保存を行うと劣化せず、見たままの状態で画像ファイルを作成することができます。ただし、色数が多くなってくるとファイルサイズが大きくなるというデメリットもあります。

PNG8ビット形式の特徴として、GIF形式と同様に、透過表現が可能です。また、微妙な透明度を表現する画像の場合、PNG24ビット形式にさらに256段階の透明度を指定することができる、PNG32ビット形式を使用します。

・PNG8（8ビットカラー：256色）

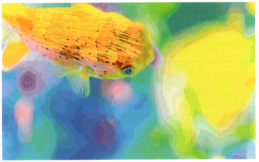

GIF形式と同じような見た目になる

・PNG24（24ビットカラー：約1677万色）

JPEG形式と同じような見た目になる

CHECK! JPEG形式の圧縮率について

Web用素材をJPEG形式で保存する場合、圧縮率を60〜80％で設定するとよいといわれています。本書で使うサンプルのJPEG画像は圧縮率65％に設定し、作成しています。

圧縮率：10%　　　　　　　圧縮率：65%　　　　　　　圧縮率：80%

圧縮率を低く設定すると低画質になり、ファイルサイズは小さくなる。高くすると高画質になり、ファイルサイズは大きくなる

COLUMN

SVG形式の画像とは？

JPEG、GIF、PNGなどはピクセル（ドット）ごとに色を表現するラスター画像と呼ばれています。多彩な色が表現できますが、拡大するとぼやけてみえる欠点があります。
対してSVGは拡大、縮小しても劣化しないベクター画像になります。SVG画像はXML形式で座標や図形、色などを指定し、作成します。HTML5からSVGタグが正式に規定され、HTML文書に直接書き込めるようになり、今後SVG画像はいろいろなサイトで使用されていくといわれています。

たとえば、「Adobe Illustrator」では描いたイラストをSVG形式で保存できます。

Lesson 06 画像と動画を使う

Step 01 画像を挿入する

レッスンフォルダーにある画像「L6_IMG01.gif」を挿入し、表示させます。画像の挿入は挿入パネルから行います。

📁 Lesson06 ▶ L6-1 ▶ image ▶ L6_IMG01.gif

1. 新規ドキュメントを作成します。コードビューの<body>タグ下に1行追加して、その先頭にカーソルを置きます❶。[HTML]挿入パネルの[image]をクリックします❷。[イメージソースの選択]ダイアログボックスが表示されるので、レッスンファイル「L6_IMG01.gif」を選択し❸、[開く]ボタン（Windowsは[OK]ボタン）をクリックします❹。

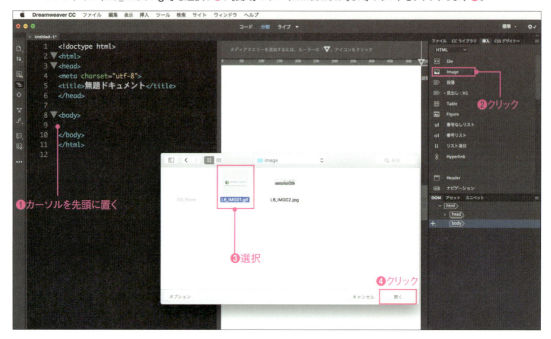

2. ライブビューではロゴ画像が表示されます❶。コードビューでは<img>タグが入力されます❷。

Step 02 画像に属性を設定する

Before
`<body><img src="image/L6_IMG01.gif" width="253" height="56 alt=""/></body>`

After
`<body><img src="image/L6_IMG01.gif" width="253" height="56 alt="グローバルカンパニー"/></body>`

Step01で挿入した画像に属性を設定します。画像が表示されない場合、代替としてテキストで表示されるのが、<img>タグの「alt属性」です。

Lesson06 ▶ L6-1 ▶ L6-1-S02.html

1. レッスンファイルを開きます。Step01で作業したファイルをそのまま使用してもかまいません。ライブビュー上でStep01で挿入した画像を選択すると❶、プロパティインスペクタに画像の設定が表示されます❷。[代替]には画像が表示されない場合に表示する任意の文章を入力します❸。ここでは「グローバルカンパニー」と入力しました。

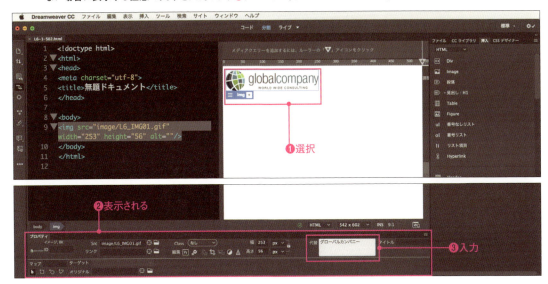

2. コードビューで<img>タグの中にalt属性が追加されました❶。プロパティインスペクタで入力した「グローバルカンパニー」の文字も設定されています。

Lesson 06 画像と動画を使う

Step 03 ライブビュー上から画像に属性を設定する

Before
`<body><img src="image/L6_IMG01.gif" width="253" height="56 alt=""/></body>`

After
`<body><img src="image/L6_IMG01.gif" width="253" height="56 alt="グローバルカンパニー"/></body>`

Step01で挿入した画像に属性を設定します。Step02とは違う手段です。ライブビューで、画像を見ながら<img>タグの属性を設定できます。

 Lesson06 ▶ L6-1 ▶ L6-1-S03.html

1. レッスンファイルを開きます。ライブビュー上で挿入した画像を選択し❶、[img]の左の[≡]をクリックすると❷、[HTML属性を編集]が表示されます。その中の[alt:]に任意の文章を入力します❸。ここでは「グローバルカンパニー」と入力しました。

2. <img>タグの中にalt属性が追加されました❶。手順はStep02と違いますが、結果はStep02と同じになります。

CHECK! アセットパネルからのイメージ挿入

アセットパネルには、制作中のWebサイトで使用しているアセット（画像や動画、スクリプトなどの素材）が表示されます。アセットパネルから、画像を選んで、コードビューの挿入したい箇所にドラッグ&ドロップで簡単に挿入することもできます。

ドラッグ&ドロップで挿入可能

Step 04 画像サイズを変更する

デザインビュー上で画像を選択し、任意のサイズに編集します。ライブビューでは編集はできません。

Lesson06 ▶ L6-1 ▶ L6-1-S04.html

1 レッスンファイルを開きます。このファイルには横長の画像が挿入されています。デザインビュー上で画像を選択してから❶、右端の■にマウスを持っていくとマウスカーソルが矢印に変わります❷。

❶画像を選択

❷この位置にマウスカーソルを持っていくと矢印に変わる

2 マウスカーソルを右下の■に持っていき、矢印(両矢印)に変わったら、ドラッグして任意のサイズに変更します❶。

❶ドラッグ

Lesson 06　画像と動画を使う

3　サイズを変更後、プロパティインスペクタの［サイズ縦横固定比の切り替え］をクリックすると❶、元画像の縦横比が維持されたサイズに切り替わります❷。

4　画像サイズに変更は<img>タグの［width］横サイズ属性と［height］縦サイズ属性の変更です。つまり、Webページ上の見た目だけが変更されるため、元となる画像自体のサイズは変更されません。元の画像サイズに戻す場合は［元のサイズに戻す］をクリックします❶。元のサイズに戻りました❷。

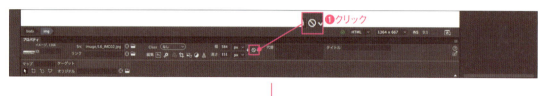

CHECK!　そのほかの画像編集

プロパティインスペクタの設定では、対象となる画像を選択することで、「イメージの最適化」、「トリミング」「明るさおよびコントラスト」、「シャープ」などの画像の編集が行えます。こちらは元となるファイルも更新されますので、注意してください。

6-2 動画の挿入

<video>タグで、動画を簡単にWebページに取り入れることができます。動画の種類を学び、どのように動画をHTMLファイルに挿入するか学びましょう。

動画のフォーマットについて

<video>タグが追加されたことにより、動画を簡単にあつかうことができます。動画のフォーマットは表にある通り複数あります。ブラウザー毎に対応している動画フォーマットが異なるため、主要ブラウザーで動画を表示させるには複数の動画ファイルを用意する必要があります。
動画の変換は、「Adobe CC」のアプリケーション「Adobe Media Encoder」で可能です。「H.264」形式のmp4ファイル、「WebM」形式のwebmファイルなどが簡単に作成できます。

推奨されている動画再生方法

動画フォーマットは複数あり、それぞれのブラウザーでサポートしているフォーマットが異なります。そのため、動画を再生する際、W3Cでは「.mp4」、「.webm」、「.ogg」の3つのファイルを用意し、<source>タグで、3つの候補を指定する方法が推奨されています。動画を設定する際は注意してください。

	videoタグがサポートしている動画フォーマット		
フォーマット	H.264	WebM	Ogg
拡張子	.mp4	.webm	.ogg
Internet Explorer	○	アドオン追加で再生可	×
Chrome	○	○	○
Firefox	○	○	○
Safari	○	アドオン追加で再生可	アドオン追加で再生可

動画フォーマットは複数あり、標準となるフォーマットはまだ決まっていない

挿入パネルのメディア関連タグ

<video>タグは挿入パネルの[HTML]→[HTML5 Video]から挿入ができます。[HTML5 Video]の下部には、動画、音楽、アニメーション、Flashなどのメディア関連のファイルを挿入するタグがまとまっています。

[HTML5 Video]を挿入すると、<video controls></video>というコードのみが挿入されます。この<video>タグに対して、再生したい動画ファイルを設定、またはオート再生、ループ再生などの属性を設定します。

❶ HTML5 Video
❷ Canvas
❸ アニメーションコンポジション
❹ HTML5 Audio
❺ Flash SWF
❻ Flash Video
❼ プラグイン

❶ <video>タグ:動画を設定する
❷ <canvas>タグ:図形を描く
❸ OAMファイルを設定する
❹ <audio>タグ:音楽ファイルを設定する
❺ <object>タグ:Flash用の「swf」ファイルを使用する際に設定する
❻ <object>タグ:Flash用の「flv」ファイルを使用する際に設定する
❼ <embed>タグ:プラグインデータを埋め込む際に設定する

Lesson 06　画像と動画を使う

Step 01　動画を挿入する

レッスンフォルダーにある動画「Sample.mp4」を挿入し、表示させます。動画の挿入は挿入パネルから行います。

Lesson06 ▶ L6-2 ▶ video ▶ Sample.mp4

1. 新規ドキュメントを作成します。コードビューで<body>タグ下に1行追加してその先頭にカーソルを置きます❶。[HTML]挿入パネルの[HTML5 Video]を選択します❷。

2. プロパティインスペクタの[ソース]の[参照]をクリックします❶。[ビデオの選択]ダイアログが表示されるので、レッスンファイル「Sample.mp4」を選択し❷、[開く]ボタン（Windowsは[OK]ボタン）をクリックします❸。

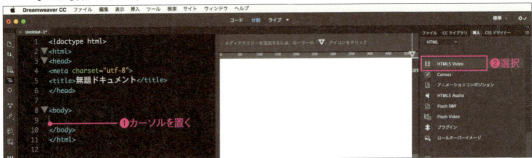

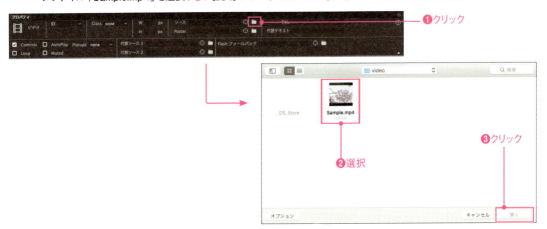

3. ライブビューに動画が表示され、動画が再生できるようになりました❶。

Step 02 <video>タグの属性を設定する

Before
`<body><video controls><source src="video/Sample.mp4" type="video/mp4"></video></body>`

After ↓
`<body><video controls="controls" autoplay="autoplay" loop="loop"><source src="video/Sample.mp4" type="video/mp4"></video></body>`

Step01で挿入した動画に属性を設定します。<video>タグを選択し、プロパティインスペクタの各属性にチェックを入れると簡単に属性を設定できます。

 Lesson06 ▶ L6-2 ▶ L6-2-S02.html

1. レッスンファイルを開きます。Step01で作業したファイルをそのまま使用してもかまいません。Step01で挿入した動画をライブビューで選択すると❶、プロパティインスペクタに動画の設定が表示されます❷。

❶選択
❷表示される

2. プロパティインスペクタで、[Auto Play](自動再生)と[Loop]にチェックを入れます❶。<video>タグには「"autoplay"」と「"loop"」という属性が追加されました❷。ファイルを保存(別名で保存でも可)すると更新されて、ライブビューで動画が自動再生され、ループで再生されるのが確認できます❸。

❶チェック
❷autoplayとloopの属性が追加される
❸再生確認

CHECK! そのほかの動画の属性を設定する

<video>タグを選択すると、プロパティインスペクタには動画の設定項目が表示されます。動画の属性はチェックボックス、プルダウンメニューで簡単に設定が可能です。たとえば、動画サイズの変更、動画のサムネイル画像を指定できる[Poster]などの設定ができます。

Lesson 06 画像と動画を使う

Exercise―練習問題

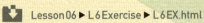 Lesson 06 ▶ L6 Exercise ▶ L6 EX.html

 Webページにいろいろな画像の種類を入れて、ライブビューで確認してみましょう。

Before

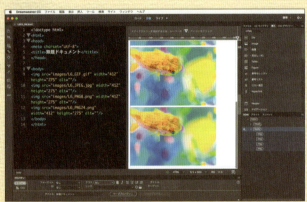

After

●01 練習問題ファイル「L6EX.html」を開いてください。コードビューで<doby>タグの下にカーソルを置きます。
●02 [HTML]挿入パネルの[Image]を選択します。
●03 [イメージソースの選択]ダイアログが表示されるので、「Lesson06 ▶ L6Exercise ▶ images」フォルダー内の「L6_GIF.gif」を選択し、[開く]ボタン（Windowsは[OK]ボタン）をクリックします。
●04 同様に「L6_JPEG.jpg」、「L6_PNG8.png」、「L6_PNG24.png」も挿入します。
●05 ライブビューで画像の違いを確認します。GIF形式の画像(256色、8ビット)は、グラデーションが段階的になります。ロゴ、イラストなど色数を抑えた画像で使用するとよいでしょう。JPEG形式の画像（約1677万色、24ビット）は写真などの色数が多い画像で使用します。PNG形式の画像は、PNG8ビット形式（8ビットカラー：256色）は、GIF形式と同じような見た目になります。PNG24ビット形式（24ビットカラー：約1677万色）は、劣化せず、見たままの状態の画像ファイルですが、色数が多くなってくるとファイルサイズが大きくなるというデメリットもあります。
●06 画像形式の特徴を使い分けてWebページ制作を行ってください。

リンクの設定

An easy-to-understand guide to Dreamweaver

Lesson 07

Webサイトの重要な要素であるリンク（ハイパーリンク）について、どのように設定するかを学びます。リンクを使用することで、Webサイト内の他のページや外部サイトへ自由に参照することができます。

Lesson 07 リンクの設定

7-1 リンクの作成

リンク機能を実現させるには、<a>タグを使用します。まずは<a>タグの基本を理解し、リンク先の指定方法を学びましょう。Stepからの作業はサイト定義をして行います。

リンクの基本

リンク（ハイパーリンク）について

指定したテキストや画像をクリックすると、ほかのWebページや画像へジャンプしたり、電子メールを送信などと結び付ける位置情報のことを「ハイパーリンク」（Hyperlink）と呼びます。一般的にハイパーリンクを略して「リンク」（link）と呼びます（本書もリンクで統一）。また、ほかの情報（場所）へジャンプできるように、移動先の位置情報を埋め込むことを「リンクを張る」と表現します。

リンクにも種類があります。自分のWebサイト内の各ページ間のリンクのことを「内部リンク」、自分のサイトからほかのサイトへのリンクのことを「外部リンク」、同じページ内のリンクのことを「ページ内リンク」と、さまざまなリンクの種類があります。このリンクを使用し、クリックひとつで世界中のあらゆるWebページに行き来することができるようになりました。

<a>タグについて

リンクを張るには<a>タグを使用します。リンク先は「href」属性で設定します。開始タグである<a>の中に「href」属性を設定し、「リンク先」となるパスを指定します。<a>～</a>の間にはクリックするテキスト、画像などのコンテンツを配置します。このコンテンツ部分がWeb上では表示されます。

```
<a href="https://gihyo.jp/">技術評論社</a>
```
　href属性　　　リンク先　　　この部分をクリックします

<a>タグを使用した例。「技術評論社」というテキストをクリックするとhttps://gihyo.jp/へジャンプする

[Hyperlink] ダイアログボックス

<a>タグは[HTML]挿入パネルの[Hyperlink]をクリックして表示される、[Hyperlink]ダイアログボックスで設定して挿入します。[Hyperlink]ダイアログボックスでは、クリックする対象となるテキスト、画像、タグの設定、リンク先などを入力し、<a>タグを設定します。

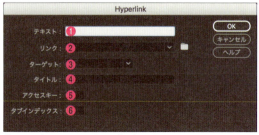

❶クリックするテキスト、画像、タグなどを設定する
❷リンク先となるパス、ファイルを設定する
❸リンク先の開き方を設定する
❹タイトルを設定する
❺ショートカットキーの設定
❻Tabキーを押した際の移動順の設定

Windowsでは、キーは次のようになります。　⌘ → Ctrl　　option → Alt　　return → Enter

リンク先のパス指定について

「パス」(pass)は英語で「道・通り道」という意味ですが、HTMLでは<a>タグのhref属性でリンク先のパスを指定する際に2通りの書き方があります。それぞれを「絶対パス」と「相対パス」と呼びます。

絶対パス

絶対パスとはHTMLが保存されている場所をどこからでも探し出せる経路で指定する、厳密な位置指定のことをいいます。
下の図にある「index.html」にリンクする場合、インターネット上の住所の情報も含めて厳密に「http://www.○○.com/index.html」などと記述します。
絶対パスはどこの場所から指定しても影響がないというメリットがあります。ただし、サーバー上のファイルを指定しているので、オフラインの場合、指定したファイルが開かずエラーになります。また、ドメインが変わった場合、リンク先のドメイン部分がすべて変更になるため、今まで作ったファイルのリンク先をすべて変更しなければならないので注意が必要です。ホームページを作成する上でのリンクの仕方は「絶対パス」は向かないとされています。

相対パス

相対パスは現在のファイルを基準とし、目的のファイルがどこにあるのかを指定する経路のことを言います。自分のwebサイト内のページに使用する画像や各ページのリンク設定は、通常は相対パスを使用します。また、外部サイトへのリンクは、必然的に絶対パスになります。
下の図では「index.html」を基準にして、各HTMLドキュメントの相対パスを記述しています。たとえば「about」フォルダー内の「about.html」は「about/about.html」になります。
例:index.htmlでabout.htmlにリンクを張る場合
<a href="about/about.html">about</a>
相対パスを使うメリットはパスが短くなり、オフラインでもファイルの指定が正しくできることです。しかし、パスの記述通りにファイルが指定されていなかったり、ファイルの階層構造を変えてしまうと、ファイルが開かずエラーになるので注意が必要です。

絶対パスと相対パス

相対パスの階層を指定する方法「../」

現在いる位置の上位階層のファイル、または並列フォルダー内のファイルを指定する場合、パスに「../」を使用します。

たとえば、下の図でいうと、例①の2階層「about.html」から1階層「index.html」を指定する場合は、「../index.html」と指定します。

例②の2階層「about.html」から並列の2階層「work.html」を指定する場合は「../work/work.html」と指定します。

見た目は複雑ですが、Dreamweaverでサイトを定義し、<a>タグを挿入し、リンク先のファイルの指定を行えば、自動的に相対パスで指定をします。

例③のように3階層「sample.html」から1階層「index.html」を指定する場合、「../../index.html」と指定します。
例④のように3階層「sample.html」から2階層「about.html」を指定する場合、「../../about.html」と指定します。

相対パスの階層

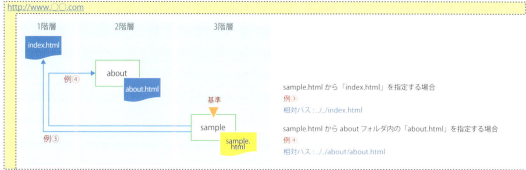

現在の位置の上位階層のファイル、または並列フォルダー内のファイルを指定する場合、パスに「../」を使用する

CHECK! 相対パスの下の階層と同一ファイル内の階層パス

現在いる位置の下位階層のファイルを指定する場合、パスに「/」を使用します。
例:<a href="フォルダー名 / 下フォルダー名 / 下下フォルダ名 / 下下下フォルダ名...」">
また同じファイル内の階層を同一階層のリンク先を指定する際は、パスに「./」を使用します。ただし同じファイル内では「ファイル名」だけを書いても同じように動作します。
例①:<a href="./index.html">同一階層のトップページへ</a>
例②:<a href="index.html">同一階層のトップページへ</a>

Step 01 テキストにリンクを張る

```
<body>
<a href="https://gihyo.jp/">技術評論社</a>
</body>
</html>
```

挿入パネルから<a>タグを設定し、テキストにWebサイトのリンクを張ります。事前準備として、Lesson03の手順で「Lesson07」内の「L7-1」フォルダーを［ローカルサイトフォルダー］に指定してサイト定義をしておきます。サイト名は任意で付けてください。

1 新規ドキュメントを作成します。コードビューで、<body></body>タグの間で return キーを押して、1行追加してカーソルを置きます。［HTML］挿入パネルの［Hyperlink］をクリックします❶。

2 ［Hyperlink］ダイアログボックスが表示されるので、［テキスト］にはクリックされるテキストを入力します❶。［リンク］にはWebサイトのURLを入力します❷。［OK］ボタンをクリックします❸。

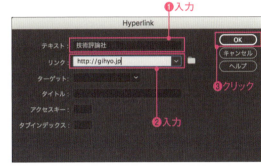

3 HTMLを任意のファイル名で保存します❶。ステータスバーの［リアルタイムプレビュー］をクリックして❷、確認したいブラウザーを選択します❸。ブラウザーに表示されたテキストリンクをクリックし❹、設定したリンク先へ遷移できるか確認します❺。

❺リンク先表示

Lesson 07 リンクの設定

Step 02 リンクを別ウィンドウ（タブ）で開く

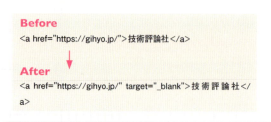

Step 01で作成したリンクをクリックしたら、別ウィンドウで表示するように編集します。リンクを別ウィンドウで開くにはtarget属性に「_blank」を設定します。

Lesson07 ▶ L7-1 ▶ L7-1-S02.html

1 レッスンファイルを開きます。ライブビューで「技術評論社」の文字部分（<a>タグ）をクリックして選択すると❶、プロパティインスペクタに<a>タグの各設定が表示されます❷。

2 プロパティインスペクタで[ターゲット]の[ˇ]をクリックして、表示メニューから[_blank]を選択します❶。コードビューを見ると「target="_blank"」が追加されました❷。

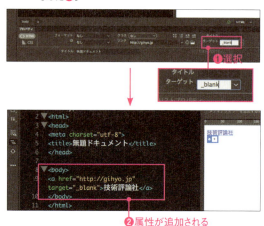

3 HTMLを任意のファイル名で保存し、[ライルタイムプレビュー]をクリックしてブラウザーで表示します（Step01の手順3参照）。ブラウザーに表示されたリンクをクリックすると❶、別ウィンドウ（タブ）でリンク先が表示されます❷。

COLUMN

「title」属性を使うとツールチップが表示される

「title」属性を使用すると、たとえばリンクが張られたテキストにマウスを持っていくと指定した「title」が表示されます（ツールチップ）。これまでtitle属性は<a>タグなど一部のタブのみに設定できる属性でしたが、HTML5からはすべてのタブに設定できるようになりました。

Step 03 画像にリンクを張る

Before
`<img src="image/L7_IMG01.gif" width="253" height="56" alt=""/>`

After
`<a href="globalcompany/index.html"><img src="image/L7_IMG01.gif" width="253" height="56" alt=""/></a>`

画像にリンクを設定します。レッスンファイルを開き、<img>タグを選択し、リンク先となるファイルを設定します。「ファイルの参照」と「ファイルの指定」のふたつの方法があります。

Lesson07 ▶ L7-1 ▶ L7-1-S03.html

「ファイルの参照」からリンク先を設定する

1 レッスンファイルを開きます。ライブビューで表示画像を選択し❶、プロパティインスペクタで[リンク]の[ファイルの参照]をクリックします❷。[ファイルの選択]ダイアログボックスが表示されます。リンク先となる「globalcompany」フォルダーの「index.html」を選択し❸、[開く]ボタン(Windowsは[OK]ボタン)をクリックします❹。

2 コードビューを見るとリンク先のパスが追加され❶、画像に<a>タグが設定されました。

❶リンク先パスが追加

❷リンク先表示

3 HTMLをレッスンファイルとは別名で保存し、[リアルタイムプレビュー]から確認したいブラウザーを指定します。ブラウザーに表示された画像をクリックし❶、設定したリンク先へ遷移できるか確認します❷。

❶クリック

「ファイルの指定」機能を使う

1 レッスンファイルを初期状態で開きます。[ファイル]挿入パネルにレッスンフォルダーを表示させた状態にしておきます❶。ここではStep01でサイト定義したフォルダー「L7-1」の中身が表示されているはずです。

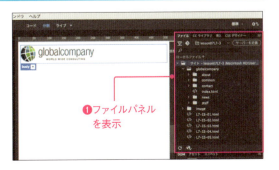

❶ファイルパネルを表示

Lesson 07　リンクの設定

2　ライブビューで<img>タグを選択し❶、プロパティインスペクタの[リンク]の[ファイルの指定]をドラッグし❷、リンク先となる「globalcompany」フォルダー内の「index.html」ファイルにドロップします❸。コードビューを見るとリンク先のパスが追加され❹、画像に<a>タグが設定されました。

3　HTMLを保存し、[リアルタイムプレビュー]から表示ブラウザーを選択します。ブラウザーに表示された画像をクリックし❶、設定したリンク先へ遷移できるか確認します。[ファイルの参照]から設定した場合と同じ結果になります。

Step 04　ブロックレベルでリンクを張る

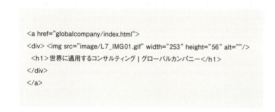

<img>タグ、<h1>タグを内包している<div>タグに対してリンクを張ります。画像、テキストにまとめてリンクを設定します。

Lesson07 ▶ L7-1 ▶ L7-1-S04.html

1　レッスンファイルを開きます。コードビュー上で<div>～</div>タグを選択し❶、[HTML]挿入パネルの[Hyperlink]をクリックします❷。

2　[Hyperlink]ダイアログボックスが表示されます。[テキスト]には<div>～</div>タグの内容が設定されます❶。リンク先となる「globalcompany」フォルダー内の「index.html」を選択し❷、[OK]ボタンをクリックします❸。これで画像に<a>タグが設定されました。

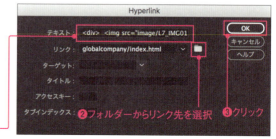

Windowsでは、キーは次のようになります。　⌘ → Ctrl　option → Alt　return → Enter

3 コードビューを見ると<a>タグの中に<div>タグが内包されました。ソースを見やすくするため、[ソースコードのフォーマット] から [ソースのフォーマットの適用] を選択します❶。

4 HTMLを保存し、[リアルタイムプレビュー] から表示ブラウザーを選択します。ブラウザーに表示されたテキスト、画像をそれぞれ クリックし❶、設定したリンク先へ遷移できるか確認します。

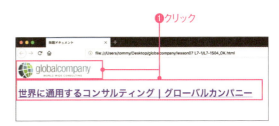

Step 05 リンクの編集

作成済みのリンク先とテキストを編集します。<a>タグを選択し、プロパティインスペクタから設定の変更を行います。

Lesson07 ▶ L7-1 ▶ L7-1-S05.html

1 レッスンファイルを開きます。ライブビューで「技術評論社」の文字を選択します❶。プロパティインスペクタの[リンク]の「ファイルの参照」をクリックし❷、リンク先となる[globalcompany] フォルダーの「index.html」を選択し❸、[開く] ボタン(Windowsは [OK] ボタン) をクリックします❹。

2 リンク先が変更されました❶。コードビューで「技術評論社」を「グローバルカンパニー」に変更します❷。

3 HTMLを保存し、[リアルタイムプレビュー] から表示ブラウザーを選択します。ブラウザーに表示された文章をクリックし❶、設定したリンク先へ遷移できるか確認します。

Lesson 07 リンクの設定

7-2 さまざまなリンク先を指定する

クリックひとつで世界中のあらゆるWebページに行き来することができるのがリンクです。ページ内のリンク、外部サイトのリンク、PDFなどの指定ファイルのリンクなど、さまざまリンク先の指定について学びます。

Step 01 ページトップの設定について

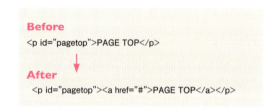

Before
`<p id="pagetop">PAGE TOP</p>`

After
`<p id="pagetop"><a href="#">PAGE TOP</a></p>`

作例サイトのトップページを使い、各リンク先を指定します。レッスンフォルダーのファイルを使用し、ページトップへジャンプするリンクを設定にします。

Lesson07 ▶ L7-2 ▶ L7-2-S01.html

1 レッスンファイルを開きます。コードビューで、83行目の`<p>`~`</p>`タグ中のテキスト「PAGE TOP」を選択します❶。[HTML] 挿入パネルの [Hyperlink] をクリックします❷。

2 表示された [Hyperlink] ダイアログボックスの [テキスト] に、選択した「PAGE TOP」が設定されているのを確認し❶、[OK] ボタンをクリックします❷。リンク先には何も指定しません。

110 Windowsでは、キーは次のようになります。　⌘ → Ctrl　　option → Alt　　return → Enter

7-2 さまざまなリンク先を指定する

3 HTMLを保存して、[リアルタイムプレビュー]から表示ブラウザーを選択します。ブラウザーで表示されたページを下にスクロールし、ページ下部に表示されている「PAGE TOP」をクリックすると❶、ページトップへと移動します❷。

COLUMN

ページ内のリンクについて

ページ下部からページトップへページ内で移動する場合は、<a href="#">と設定します。指定した位置に移動する場合は、タグに指定している一意のID属性を設定します。ID属性については次のLesson08で説明をします。
例：<a href="#ID属性">

Step 02 PDFファイルにリンクし、表示する

Before
<dd>Global Company Japanと業務提携しました。</dd>

↓

After
<dd><a href="sample.pdf">Global Company Japanと業務提携しました。</a></dd>

サイドコンテンツのニュース「Global Company Japanと業務提携しました。」をクリックしたら、PDFを開くリンクを設定します。

Lesson07 ▶ L7-2 ▶ L7-2-S02.html

1 レッスンファイルを開きます。Step01で作業したファイルをそのまま使用してもかまいません。コードビューで、サイドコンテンツの70行目、<dd>~</dd>タグ内のテキスト「Global Company Japanと業務提携しました。」を選択します❶。[HTML]挿入パネルの[Hyperlink]をクリックします❷。

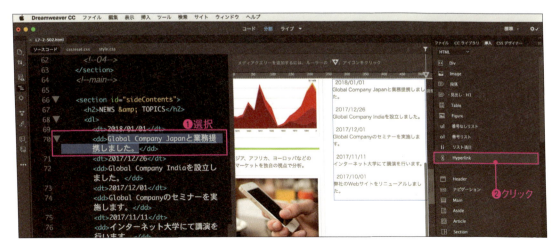

Lesson 07　リンクの設定

2 表示された [Hyperlink] ダイアログボックスの [テキスト] に、選択した文章が設定されているのを確認します❶。[リンク] にはレッスンフォルダー「L7-2」内にある「sample.pdf」を設定します❷。[OK] ボタンをクリックします❸。<a> タグが設定されました。

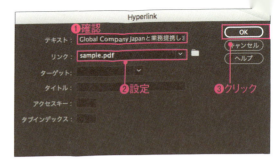

3 HTMLを保存し、[リアルタイムプレビュー] で表示ブラウザーを選択します。ブラウザーで表示されたら、リンク設定したテキストをクリックすると❶、指定したPDFファイルがブラウザーで表示されます❷。

Step 03　メールアドレスのリンク

Before
`<small>copyright&copy;globalcompany</small>`

After
`<small><a href="mailto:sample&copy;dreamweaver.com">copyright&copy;globalcompany</a></small>`

フッターのコピーライトをクリックすると既定メールソフトが立ち上がり、宛先に指定したメールアドレスが設定されるリンクの設定を行います。

Lesson07 ▶ L7-2 ▶ L7-2-S03.html

1 レッスンファイルを開きます。Step02で作業したファイルをそのまま使用してもかまいません。コードビューで、フッターのコピーライト91行目の「copyright©globalcompany」を選択します❶。[HTML] 挿入パネルの [電子メールリンク] をクリックします❷。[電子メールリンク] ダイアログボックスが表示されます。

Windowsでは、キーは次のようになります。　⌘ → Ctrl　　option → Alt　　return → Enter

7-2 さまざまなリンク先を指定する

2 表示された［電子メールリンク］ダイアログボックスで、［テキスト］には選択したテキストが表示されているか確認します❶。［電子メール］にメールアドレスを設定します❷。［OK］ボタンをクリックします❸。これで電子メールの<a>タグが設定されました。

3 HTMLを保存し、［リアルタイムプレビュー］からブラウザーを選択して表示で表示します。テキストをクリックすると❶、ブラウザーに設定されているメールソフトが起動して、宛先には設定したメールアドレスが指定されます❷。

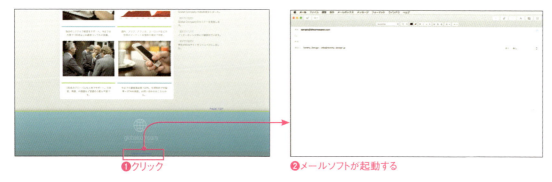

COLUMN

スマートフォン向けの電話番号リンク

<a>タグのhref属性に「"tel:電話番号"」と指定すると、電話発信用のリンクを設定することができます。「tel:」の後ろには電話番号を指定します。電話番号リンクを対応しているスマートフォンの場合、リンクをクリックすると発信画面が表示されます。

COLUMN

スパムメール対策について

メールアドレスをHTML上にそのまま書いておくとメールアドレスがアドレス収集ロボットからとられ、「SPAM」（迷惑メール）の対象になる可能性があります。「SPAM」（迷惑メール）の対象にならないようにメールアドレスはJavaScriptで暗号化、またはエンティティ化しておきましょう。

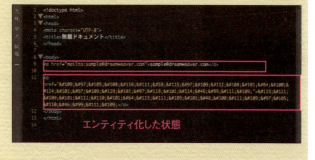

Lesson 07 リンクの設定

7-3 リンクのチェックと更新

Dreamweaverでは定義したサイト全体のリンクチェック、変更を行う機能があります。リンク先が不正のリンクは破損リンクとしてリストアップされます。

サイト定義をして事前準備

リンクチェックは定義したサイト全体に対して行われます。事前準備として、使用フォルダーをサイト定義しましょう。新規サイトの定義はLesson03で学んだ手順で行います。

具体的には、「Lesson07」フォルダー内の「L7-3」フォルダーを［ローカルサイトフォルダー］に指定してサイト定義をします。サイト名は任意で付けてください（ここでは「lesson07L7-3」としました）。本項では、このフォルダー内のHTMLファイルで学習していきます。

ファイルパネルに新規作成したサイトを表示させて事前準備は完了です。

作例サイト「globalcompany」の構成

「globalcompany」サイトはトップページ「index.html」、会社概要「about.html」、問合せページ「contact.html」、ニュースページ「news_20xx.html」という4つのページで構成されています（右図参照）。

ヘッダー内のナビゲーションのメニューから各ページへリンクされています。またニュースページはサイドコンテンツ内のテキストにリンクが張られています。この作例サイトを使い、リンクのチェック、リンク先の変更について、学んでいきます。

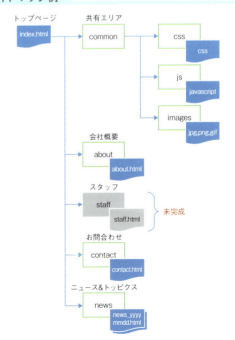

サイトマップ例

CHECK! 警告画面が表示された場合

サイト定義で選択したフォルダーが既にサイト定義しているサイト内に存在する場合、サイトの同期をする際に問題が起きる可能性があるために警告画面が表示されます。この警告画面が表示された場合、レッスンフォルダー「L7-3」をサイト定義の外に移動してから、サイト定義で［ローカルサイトフォルダー］を指定して対処しましょう。

Windowsでは、キーは次のようになります。　⌘ → Ctrl　option → Alt　return → Enter

7-3 リンクのチェックと更新

Step 01　サイト全体のリンクチェック

レッスンフォルダー内にある「globalcompany」サイトのリンクチェックを行います。

Lesson 07 ▶ L7-3 ▶ index.html

1. 事前準備でサイト定義をした「Lesson07>L7-3」フォルダー内にある、レッスンファイル「index.html」を開きます。[サイト]メニュー→[サイトオプション]→[サイト全体のリンクチェック]を選択します❶。

2. リンクチェックパネルで結果を見ると、「index.html」内の[破損リンク]に「staff/staff.html」が見つかりました❶。コードビューを見ると、ナビゲーション内のリンクが「<a href="staff/staff.html">」となっています❷。ファイルパネルで確認すると、「staff/staff.html」は存在しないことがわかります❸。

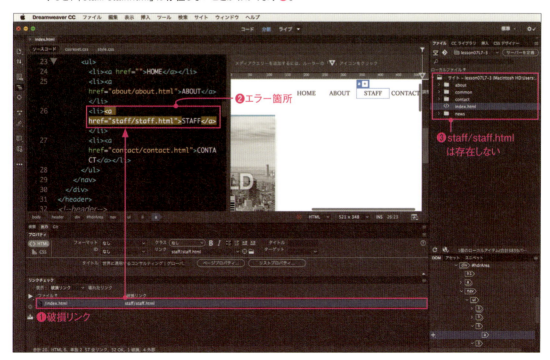

Lesson 07　リンクの設定

3 リンクチェックパネルから破損リンクからリンク先「staff/staff.html」を削除します❶。

4 再度、[サイト全体のリンクチェック]をクリックします。破損リンクは修正され、チェックはすべてOKになりました❶。

Step 02　サイト全体のリンク変更

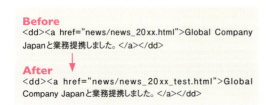

サイト全体のリンクを変更します。フォルダー名、ファイル名を変更する場合に[サイト全体のリンク変更]から変更を行うとサイト定義されている配下のHTMLに対して、一括変更されます。

1 Step01から続けての作業となります。ファイルパネルで「news」フォルダー内の「news_20xx.html」を選択します❶。[サイト]メニュー→[サイトオプション]→[サイト全体のリンク変更]をクリックします❷。

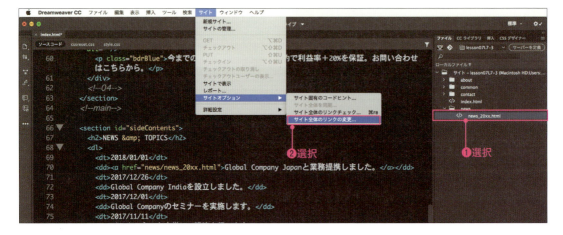

2 [サイト全体のリンク変更]ダイアログボックスが表示されます。[変更するリンク先]には選択した「/news/news_20xx.html」が表示されています❶。[変更後のリンク先]に「/news/news_20xx_test.html」と入力します❷。[OK]ボタンをクリックします❸。

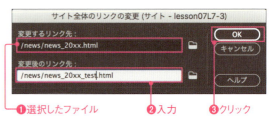

116　　Windowsでは、キーは次のようになります。　⌘ → Ctrl　option → Alt　return → Enter

7-3 リンクのチェックと更新

3 [ファイルの更新]ダイアログボックスが表示され、一括変更される対象のHTMLが表示されます❶。[更新]ボタンをクリックします❷。

4 「/news/news_20xx._test.html」のファイルが存在しないので、「次のファイルを更新できません」とダイアログボックスが表示されますがOKをクリックします❶。

5 すべてのファイルのリンク先が、「/news/news_20xx.html」から「/news/news_20xx_test.html」に一括変更が行われました❶。

Step 03　ファイルパネルからリンク変更

ファイルパネル上からファイルを移動、フォルダー名、ファイル名を変更するとサイト全体で一括変更されます。ファイルパネル上で「about.html」を「index.html」と同じ階層に変更します。

1 Step02から続けての作業となります。ファイルパネルから「about」フォルダー内の「about.html」ファイルをドラッグし❶、「index.html」と同じ階層にドロップします❷。

2 [ファイルの更新]ダイアログボックスが表示され、一括変更される対象のHTMLが表示されます❶。[更新]ボタンをクリックすると一括変更が行われます❷。

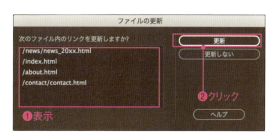

Lesson 07 リンクの設定

Exercise — 練習問題

 Lesson07 ▶ L7Exercise ▶ L7EX ▶ about ▶ about.html

Q 作例サイトの「about.html」ページにリンクを張り、すべてのページにリンクさせます。リンクを張る個所はヘッダーのロゴ、ナビゲーションメニュー、サイドコンテンツ、フターのロゴになります。「about.html」ページ以外はすでにリンクが張られています。

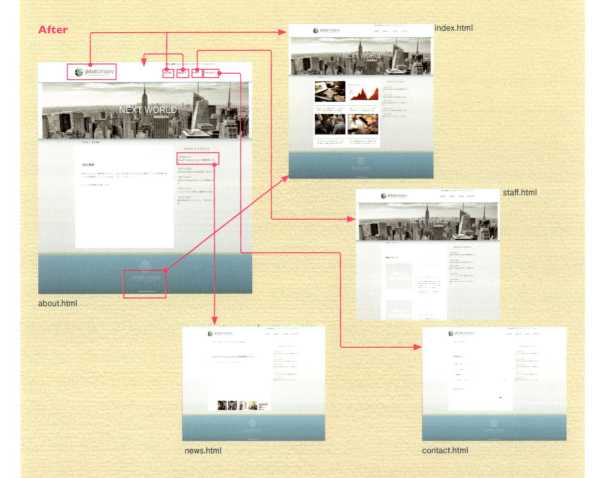

●01 練習問題ファイル「about.html」を開きます。
●02 ヘッダーのロゴ画像に「index.html」のリンクを張ります。
●03 ナビゲーションの各メニューに対してリンクを張ります。「HOME」は「index.html」のリンク、「ABOUT」にはリンク先は指定せずに、<a>タグを設定のみにします。「STAFF」には「staff.html」のリンク、「CONTACT」には「contact.html」のリンクを張ります。

●04 サイドコンテンツのテキスト「Global Company Japanと業務提携しました。」に「news_20xx.html」のリンクを張ります。
●05 フッターのロゴ画像に「index.html」のリンクを張ります。
●06 すべてリンクを張り終わったら、保存し、ブラウザーで表示させてください。各ページへリンクが張られ、すべてのページが繋がったかの確認をします。

CSSの基本

An easy-to-understand guide to Dreamweaver

Lesson 08

HTMLだけではWebページはあまり見栄えがせずに、デザイン性に欠けてしまうため、現在世の中にあるほとんどのWebサイトが「CSS」を利用しています。CSSを使うことで、色、余白、背景画像などを使って、見た目のバランスを整え、洗練された印象を与えることができます。
このようなCSSの役割、記述方法といった基本を理解して、Dreamweaverを使って設定する方法を学びましょう。

Lesson 08　CSSの基本

8-1　CSSについて

CSSを使うことで、Webページの見栄えを効率良く調整できるようになります。Webサイトを作成する上で必須のスキルなので、しっかり学びましょう。

CSSとは

「CSS」（Cascading Style Sheets）とは、Webページをデザインするための言語です。HTMLが各タグを使用し、文章構造を定義するのに対して、CSSではHTMLの各タグのサイズ、カラー、ラインなどのデザインを定義します。このデザイン情報を総称して「スタイルシート」ともいい、「CSS」は「スタイルシート」の一種になります。しかし、CSSが普及しているため、一般的にはスタイルシートといえばCSSのことを指していると覚えておきましょう。

HTMLと同様にCSSにもバージョンがあります。制作現場では現在の主流は「CSS3」ですが、CSS3のモジュールにはまだ策定中なものが多く、今後、徐々に追加されていく予定です。なお、CSS3についてはLesson10で詳しく説明していきます。

・HTMLのみのサイト例　・HTML＋CSSのサイト例

CSSを適用していないHTMLページは、コンテンツが縦に並ぶだけのデザインされていないページになる

COLUMN

コードナビゲーターを使ってCSSを確認する

「コードナビゲーター」や「CSSデザイナー」を使用すると、Dreamweaver上で要素にどのようなスタイルが適用されているかが確認できます。「コードナビゲーター」はデザインビューで確認したい要素を選択し、右クリックメニューから［コードナビゲーター］をクリックします。コードナビゲーター画面が表示され、適用されているCSSのセレクターが表示されます。確認したいセレクターを選択すると適用されているスタイルが表示されます。
CSSデザイナーはCCから追加された機能になります。使用方法はLesson09で説明します。

Windowsでは、キーは次のようになります。　⌘ → Ctrl　　option → Alt　　return → Enter

CSSの役割

CSSの役割として一番主要なのはデザインの効率化です。CSSがまだ策定されていない時代、昔のWebサイトはHTMLの中にデザイン用のタグを埋め込んで、無理やり見た目の調整をしていました。この方法では、
・HTMLのタグ本来の使い方ができない
・修正する場合、HTMLをすべて修正する必要がある

など、多くの問題がありました。
CSSを使った場合、Webページのデザインに関する指定は全てCSSファイルにまとめて書きます。そしてたとえば、Webサイト全体の文字色を修正したい場合、CSSファイルの特定の個所を修正するだけで、複数ページを一気に変更できるようになります。

CSSとWebページの関係

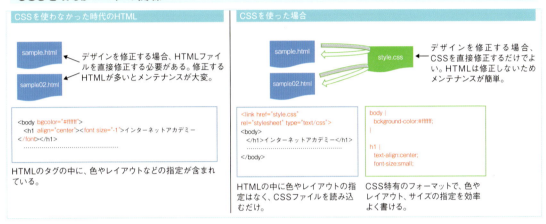

CSSファイルの分割

Webサイトの規模が大きくなると、CSSファイルのサイズも大きくなり、内容も複雑で読みにくくなります。そこで、1000行を超えるような場合は、下の図のように役割ごとにCSSファイルを分割するのもオススメです。
本書のサンプルサイトのような小規模のサイトの場合は特に必要ないので、本書では読み込み用のCSSファイルを使用していません。

複数のCSSファイルを読み込んだ場合、後から読み込んだファイルのほうが優先度が高くなります。そのため、同じプロパティに異なる値が指定されている場合は、後から読み込んだファイルのプロパティの値が上書きされます。

CSSファイルを分割使用する場合

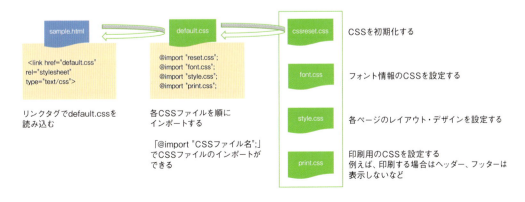

Lesson 08　CSSの基本

8-2 CSSの記述方法

CSSの書式、書き方、適用方法を学びます。Webサイトをレイアウト、デザインする上で重要なスキルです。基本中の基本として覚えておきましょう。

セレクターについて

CSSは主に「セレクター」、「プロパティ」、「値」の3つから構成されます。右の図の通り、「{」「}」で囲み、「:」（コロン）と「;」（セミコロン）でプロパティと値を区切ります。この記号をひとつでも間違うとCSSが適用されなくなるので、注意しましょう。

セレクターとは、CSSを適用させる対象のことです。セレクターは用途によりいくつかの種類に別れます。以下で代表的なセレクターを紹介します。

書式

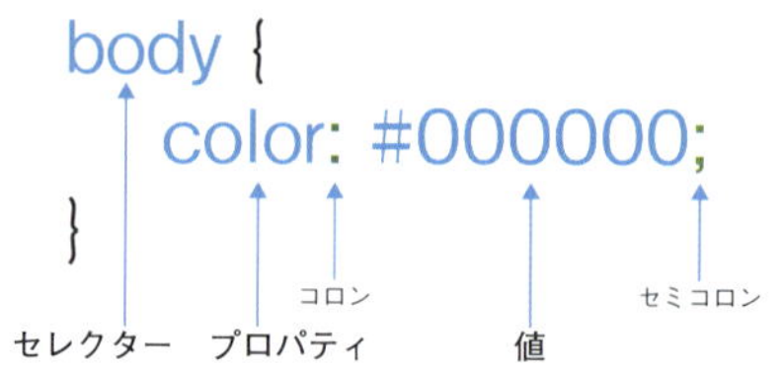

```
body {
    color: #000000;
}
```
セレクター　プロパティ　コロン　値　セミコロン

タグセレクター

HTMLタグに対してCSSを適用する際に使用します。主に<body>タグ、<h1>～<h6>タグなど全Webページ共通で設定する場合に使用します。

タグセレクター
h1タグに対して、文字の色を黒にするスタイル

```
h1 {
    color: #000000;
}
```

IDセレクター

HTMLタグに一意（そのページ唯一の）のID属性を付けたタグを付け、そのID属性にのみCSSを適用します。右の図の通り、「#」の後ろにID属性を付けます。CSSを作成する場合、最も使用するセレクターです。

IDセレクター
ID「#wrapper」に対して、文字の色を黒にするスタイル

```
#wrapper {
    color: #000000;
}
```

CLASSセレクター

IDセレクターと似ていますが、HTMLタグにCLASS属性をつけ、そのCLASS属性にのみCSSを適用します。「.」（ピリオド）の後ろにCLASS属性をつけます。IDセレクターとの違いは、CLASS属性はひとつのHTMLファイルの中で複数回使用できるということです。同一ページで同じようなデザインを繰り返し行う要素がある場合、CLASS属性を使用します。CLASSセレクターも非常によく使用します。

CLASSセレクター
CLASS「.topLink」に対して、文字の色を黒にするスタイル

```
.topLink {
    color: #000000;
}
```

Windowsでは、キーは次のようになります。　⌘ → Ctrl　option → Alt　return → Enter

全称セレクター

全ての要素にCSSを適用させる場合に使用します。セレクターの個所に「*」を入れるのみです。Webページ全体を初期設定する際などに使用します。

```
全称セレクター
Webページのすべての要素の文字色を黒にする

* {
    color: #000000;
}
```

子孫セレクター

たとえば右図HTMLのようなHTMLタグを作成した場合、`<ul>`や`<li>`タグにすべてIDやCLASSを付けるのは大変です。こういうときは子孫セレクターを使用します。右図CSSのようにIDセレクター「hdrArea」を親として、「hdrArea」配下にある`<nav>`、`<ul>`、`<li>`タグを指定する方法です。CSSも見やすく短くなるので、オススメのコーディング方法です。

```
子孫セレクター
HTML                              CSS
<div id="hdrArea">                #hdrArea nav {
    <nav>                              -- 省略 --
        <ul>                      }
            <li>HOME</li>
            <li>ABOUT</li>        #hdrArea ul {
            <li>STAFF</li>             -- 省略 --
            <li>CONTACT</li>      }
        </ul>
    </nav>                        #hdrArea li {
</div>                                 -- 省略 --
                                  }
```

プロパティ値について

どのようなスタイルをセレクターに適用するかはプロパティで指定します。文字の色や大きさ、背景の色、セレクターのサイズなど多くのプロパティが用意されています。たとえば文字の色を黒に指定したい場合、プロパティの「color」を使い、黒の値を以下のいずれから選択します。

- カラー名　black
- カラーコード　#000000
- RGB指定　rgb(0,0,0)

また、一般的によく使われるのが、カラーコードの指定方法です。PhotoshopやIllustratorなどのグラフィックソフトではカラーを抽出するカラーピッカーがあるので、デザインされた画像から簡単に同様のカラーコードを抽出できます。

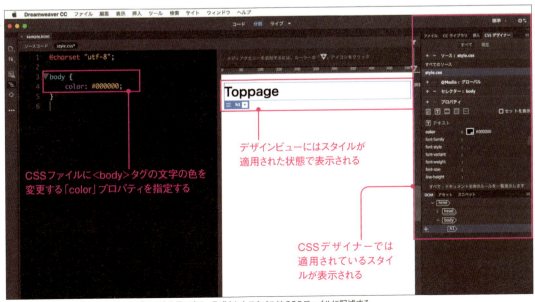

「color」プロパティを使い、`<body>`タグの文字を黒にする。作成されたスタイルはCSSファイルに記述する

Lesson 08 CSSの基本

スタイルの継承

「CSS」(Cascading Style Sheets)の「Cascading」には「段階状に連続した滝」という意味があり、上流から下流へと受け継いでいくという意味が込められています。CSSのスタイルも同じ考えで適用されます。親要素のスタイルは子要素に引き継がれます。

たとえば、HTMLの<body>タグで、

・背景を青　background-color: #0074FF;
・文字を白　color: #FFFFFF;

と指定した場合、<body>タグの中の<h1>タグにも同様のスタイルが適用されます。CSSを理解するうえで非常に重要な概念なので、覚えておきましょう（初期設定で継承されないプロパティもあります）。

親要素（<body>タグ）に設定した文字色（白）が、子要素（<h1>タグ）に引き継がれて白くなっている

CSSを記述する方法

CSSを記述するには以下の方法があります。

・CSSファイルを作成し、CSSファイル内に記述する
・HTMLファイルの<head>タグに中に<style>タグを挿入し、直接CSSを記述する
・HTMLファイルの<body>タグの中に<style>タグを挿入し、直接CSSを記述する（HTML5追加機能）
・HTMLファイルのタグ内に直接記述する

一般的にはCSSファイルを作成してそのCSSファイルに記述します。この場合は、CSS部分を外部ファイル化することで効率のよいスタイル管理をすることができます。単独の簡易的なWebページを作成するときなどには、HTMLの中で<style>タグを使用し、スタイルを作成します。

作業中の検証時など、素早く反映させたいときにはHTMLをファイルのタグ内に直接記述します。

CSSの記述方法

※最も一般的なCSSを記述する方法

Windowsでは、キーは次のようになります。　⌘ → Ctrl　　option → Alt　　return → Enter

CSSデザイナー

「CSSデザイナー」はCSSコードを直感的なわかりやすい方法で編集できるツールです。初期設定では画面右下にパネルとして表示されています。
CSSデザイナーパネルは「ソース」、「@Media」、「セレクター」、「プロパティ」の構成に分かれます。スタイルを定義するプロパティは［レイアウト］、［テキスト］、［ボーダー］、［背景］、［その他］の5種類から選びます。コードをいちいち入力する必要はなく、必要なプロパティを選択し、値を選択、または入力することで、簡単にスタイルを定義することができます。

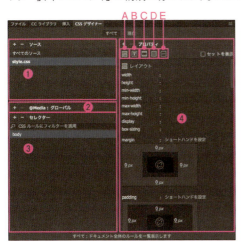

❶HTMLに関連付けられているCSSが表示される。CSSを新規作成する
❷使用しているメディアクエリーが表示される。メディアクエリーはレスポンシブデザインで使用する
❸使用しているセレクターが表示される。セレクターを新規作成する
❹指定したセレクターに適用されているプロパティが表示される。セレクターに新規のプロパティを適用させる
A レイアウトに関するプロパティを設定する
B テキストに関するプロパティを設定する
C ボーダーに関するプロパティを設定する
D 背景に関するプロパティを設定する
E その他に関するプロパティを設定する

CSSデザイナーパネルでプロパティ値設定

CSSデザイナーパネルではあらかじめ設定できるプロパティが表示されています。プロパティの右に設定する値を選択、または入力し、スタイルを適用します。
まだ値が設定されていない場合、値は初期値が設定され、グレーで表示されています。値を設定する場合、はじめに単位を選択する必要があります。値の個所をクリックすると選択できる単位がメニュー表示されるので、適切な単位を選択します。単位を設定後、該当箇所を再度クリックし、値となる数値を入力します。各プロパティの単位については、Lesson09で説明をします。

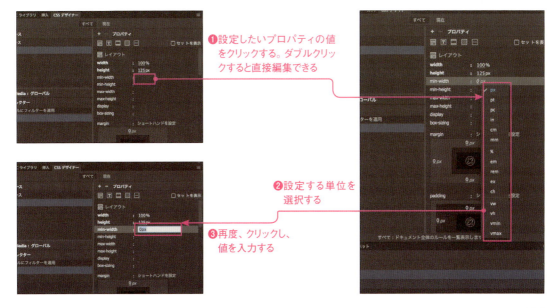

❶設定したいプロパティの値をクリックする。ダブルクリックすると直接編集できる
❷設定する単位を選択する
❸再度、クリックし、値を入力する

Lesson 08 　CSSの基本

Step 01　CSSファイルの作成

CSSデザイナーを使い、CSSファイルを作成します。
<head>タグ内に<link>タグを挿入し、HTML上で
CSSファイルを読み込みます。

Lesson08 ▶ L8-2 ▶ L8-2-S01 ▶ L8-2-S01.html

1 レッスンファイルを開きます。CSSデザイナーパネルの[ソース]にある[+]をクリックし❶、表示メニューから[新規CSSファイルを作成]を選択します❷。

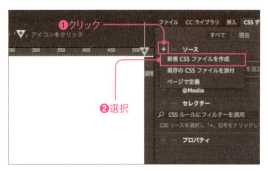

2 [新規CSSファイルを作成]ダイアログボックスが表示されるので、[ファイル/URL]にCSSファイル名を入力し❶、[追加方法]を[リンクさせる]にチェック❷。[OK]ボタンをクリックします❸。

3 HMLの<head>タグ内に<link>タグが追加され❶、スタイルシートとして作成した「style.css」がリンクされていることがわかります。ドキュメントタブには作成したCSS（ここでは「style.css」）が表示されます❷。

CHECK!　ページで定義する

CSSデザイナーパネルの[ソース]にある[+]を選択して、表示されるメニューから[ページで定義]をクリックすると❶、HTMLファイルに<style type="text/css"></style>が挿入されます❷。
全体のCSSファイルをページ単位で上書きする時などに使用できます。

8-2 CSSの記述方法

4 HTMLを保存し❶、タブをCSSに切り替えてCSSを保存します❷。作成したCSSには自動的に文字コードの指定「@charset "utf-8";」が設定されます。

❶HTMLの保存　❷CSSの保存

> **CHECK!**
> **CSSは忘れずに保存をすること**
> HTMLとCSSは別々のファイルで作成されます。そのため、HTMLとCSSは別々で保存する必要があります。CSSを更新した際は忘れずに保存をしましょう。保存がされていない場合、タブに"*（アスタリスク）"が表示されます。

Step 02　CSSデザイナーを使う

Step01で更新したHTMLを基に、CSSデザイナーを使ってスタイルを作成します。CSSファイル上にタグセレクター「body」を作成し、背景を青、文字の色を白にするスタイルを設定します。

📥 Lesson 08 ▶ L8-2 ▶ L8-2-S02 ▶ L8-2-S02.html

1 レッスンファイルを開きます。コードビューで<body>タグを選択し❶、CSSデザイナーパネルの[ソース]では表示されているCSSファイル（ここでは「style.css」）を選択します❷。[セレクター]にある[+]を選択して❸、タグセレクター「body」を作成します❹。

COLUMN

CSSデザイナーパネルのプロパティカテゴリー

CSSデザイナーパネルには、[レイアウト]❶、[テキスト]❷、[ボーダー]❸、[背景]❹、[その他]❺の、5つのプロパティカテゴリーがあります。カテゴリーを選択するとそのカテゴリーに関連付けられたプロパティが表示されます。

セットを表示にチェックを入れると設定されているプロパティカテゴリーと[その他]のアイコンが表示されます。

Lesson 08 CSSの基本

2 ［プロパティ］の［背景］を選択し❶、［background-color］の［背景色の設定］をクリックします❷。表示されたカラーチャートで、［Hex］のカラーコード「#0074FF」を設定します❸。

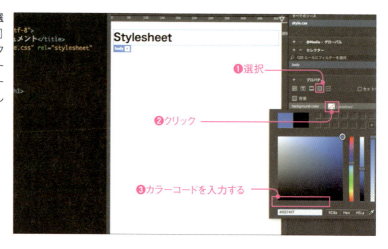

3 背景に色が設定されます。［プロパティ］の［テキスト］を選択して❶、［color］の［カラーを設定］をクリックします❷。表示されたカラーチャートで、［Hex］のカラーコード「#FFFFFF」を設定します❸。

4 最後にCSSファイルを保存します。［プロパティ］の［セットを表示］にチェックを入れて❶、スタイルを確認します。CSSファイルには背景を青にする「background-color: #0074FF;」と文字を白にする「color: #FFFFFF;」のスタイルが作成されました❷。

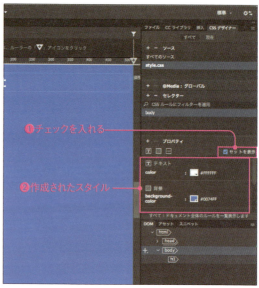

CHECK! 適用されているスタイルのみを表示させる

CSSデザイナー上に適用されているスタイルのみを表示させるには、［プロパティ］の［セットを表示］にチェックを入れます。チェックされていない場合、すべてのプロパティが表示されるので、どのスタイルが適用されているかわかりにくくなります。

Step 03 直接CSSファイルにスタイルを書く

コードビュー上から直接CSSファイルにスタイルを記述します。コードヒントを使いながら、タグセレクター「body」を作成し、背景を青、文字の色を白にするスタイルを設定します。

Lesson08 ▶ L8-2 ▶ L8-2-S02 ▶ L8-2-S03.html

1 レッスンファイルを開き、リンクされているCSSファイル（ここでは「style.css」）を選択します❶。

2 背景色を設定します。2行目に「body {ba」と入力し❶、表示されるコードヒントの[background-color]プロパティを選択します❷。その後の値には「#0074FF」を入力します。「;」を入力し、プロパティを閉じます。

3 次は文字の色を設定します。改行して3行目に「c」と入力し、表示されるコードヒントの[color]プロパティを選択し、続けて値に「#FFFFFF」を入力、「;」を入力してプロパティを閉じます。最後に「}」を入力し、タグセレクターを閉じます❶。

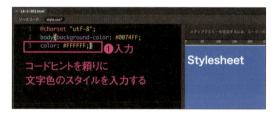

> **CHECK!** セレクターをグルーピングする
>
> 複数のセレクターに対して、スタイルを適用したい場合はセレクターを"，(カンマ)"で区切り、指定します。
> 例：h1,h2 { color: #FFFFFF;}

4 [ソースのフォーマット]をクリックして表示メニューから、[ソースフォーマットの適用]を選択します❶。CSSのソースを見やすいフォーマットにします❷。

COLUMN

クイック編集でコードの修正

HTML上で関連ファイル内のスタイルシートの修正を行うことができます。コードビューで、HTMLファイル内の<body>タグ上にカーソルを置いて⌘+Eキーを押すと、クイック編集に入ります。style.cssの右の[×]印をクリックするか、もう一度⌘+Eキーを押すと、クイック編集から抜けます。

Lesson 08　CSSの基本

Step 04　ページプロパティを使い、CSSを作成

ページプロパティを使用して、CSSを作成します。ページプロパティを利用すると<head>タグの中に<style>タグが追加され、設定したスタイルが挿入されます。背景を青、文字の色を白にします。

Lesson08 ▶ L8-2 ▶ L8-2-S02 ▶ L8-2-S04.html

1 レッスンファイルを開きます。<body>〜</body>タグを選択し❶、［ファイル］メニュー→［ページプロパティ］を選択します❷。

2 表示された［ページプロパティ］ダイアログボックスで、［カテゴリ］に［外観CSS］を選択し❶、［背景色］を「#0047FF」、［テキストカラー］を「#FFFFFF」と指定します❷。［適用］をクリックし❸、［OK］ボタンをクリックして、ページプロパティを閉じます❹。

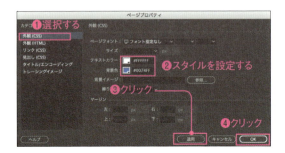

3 <head>タグに<style>タグが追加され、指定したスタイルが挿入されました❶。

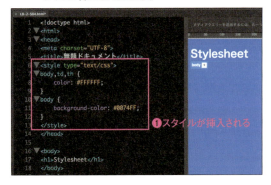

CHECK！ CSSは別ファイルで作成する

Step 04のように、HTMLに直接CSSを記述するのは、簡易的なWebページを作成する場合のみにしましょう。Webサイトの規模にかかわらず、メンテナンスしやすいように、CSSは別ファイルで作成するのが推奨されています。

COLUMN

<body>タグに直接CSSを記述する

HTML5から<body>タグの中に<style>タグを挿入し、CSSを記述できるようになりました。適用されたスタイルを確認する場合は、ライブビューを有効にしましょう。

Windowsでは、キーは次のようになります。　⌘ → Ctrl　option → Alt　return → Enter

8-3 CSSをリセットする

CSSでWebページのデザインをする際は、CSSをリセットし、各ブラウザーのデフォルトスタイルを揃えてからスタイルを作成するのが多くの制作現場で一般的になっています。

リセットCSSとは

CSSを設定せずにHTMLを作成して、ブラウザーで閲覧すると、ブラウザー独自のデフォルトCSSが適用されます。たとえば文字や画像の周りに必要以上な隙間が表示されてしまいます。

「リセットCSS」とは、ブラウザーに左右されず、自分で設定した通りにCSSの初期設定ができるものです。

しかし、全てのスタイルを打ち消すため同じスタイルの再定義が必要になることがあります。これに代わり、ブラウザーに初期設定されているCSSを活用し、必要なところだけリセットする「Normalize（正常化）.css」があります。「Normalize.css」は共通のバグを修正し、ブラウザーごとで異なるデフォルトスタイルを一貫します。

リセットCSSの役割

① リセットCSSから順に読み込むように設定を行う
② リセットCSSでCSSを初期化する
レイアウト、デザインのCSSを記述する

リセットされるもの

Normalize CSSを適用済みと適用していないHTMLを見比べてみると以下のような違いがあります。

- リストの行の高さがブラウザーによって異なる
- 各要素に「margin」「padding」が適用され、余白ができている

本項ではWebサイト制作の現場でよく使われている「Normalize.css」を使用し、HTMLに読み込んでいく手順を説明します。

なお、「Normalize.css」は以下のURLからダウンロードできます。
https://necolas.github.io/normalize.css/

「Normalize.css」を適用しない場合（上）とした場合（下）の表示の違い。

Lesson 08　CSSの基本

Step 01　Normalize.cssを読み込む

Before　→　After

「Normalize.css」である「cssreset.css」を読み込み、CSSをリセットします。

Lesson08 ▶ L8-3 ▶ L8-3-S01.html

1 レッスンファイルを開きます。CSSデザイナーの[ソース]にある[+]をクリックして❶、表示されたメニューから、[既存のCSSファイルを添付]を選択します❷。

2 表示された[既存のCSSファイルを添付]ダイアログボックスで、[ファイル/URL]の[参照]ボタンをクリックし、レッスンフォルダー内の「common/css/cssreset.css」を選択します❶。[追加方法]を[リンクさせる]にチェック❷。[OK]ボタンをクリックします❸。

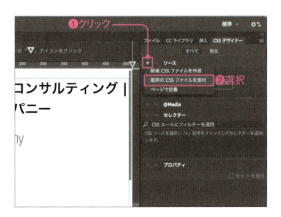

3 コードビューのHTMLの<head>タグ内に<link>タグが追加されます❶。ドキュメントタブには前手順でリンクした「cssreset.css」が表示されています❷。CSSデザイナーの[ソース]にも、追加されたCSSファイルが表示されます❸。HTMLを保存します。保存したHTMLファイルをブラウザーで表示して確認してみましょう。

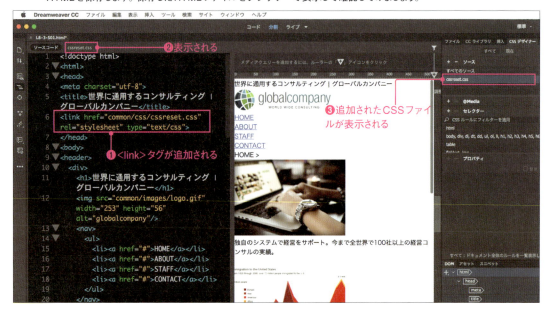

Windowsでは、キーは次のようになります。　⌘ → Ctrl　　option → Alt　　return → Enter

COLUMN

Normalize CSSの解説

今回使用しているリセットCSSはMIT Licenseなので、ソースの変更、商用利用も可能です。ただし、著作権となる「/*! normalize.css v××(バージョン) | MIT License | github.com/necolas/normalize.css */」は必ずそのまま残しておく必要があります。「Normalize.css」の細かい指定は図を参照ください。

```css
/*! normalize.css v7.0.0 | MIT License | github.com/necolas/normalize.css */

/* Document
   ========================================================================== */

/**
 * 1. Correct the line height in all browsers.
 * 2. Prevent adjustments of font size after orientation changes in
 *    IE on Windows Phone and in iOS.
 */

html {
  line-height: 1.15; /* 1 */
  -ms-text-size-adjust: 100%; /* 2 */
  -webkit-text-size-adjust: 100%; /* 2 */
}

/* Sections
   ========================================================================== */

/**
 * Remove the margin in all browsers (opinionated).
 */

body {
  margin: 0;
}

/**
 * Add the correct display in IE 9-.
 */

article,
aside,
footer,
header,
nav,
section {
  display: block;
}

/**
 * Correct the font size and margin on `h1` elements within `section` and
 * `article` contexts in Chrome, Firefox, and Safari.
 */

h1 {
  font-size: 2em;
  margin: 0.67em 0;
}

/* Grouping content
   ========================================================================== */

/**
 * Add the correct display in IE 9-.
 * 1. Add the correct display in IE.
 */

figcaption,
figure,
```

1. すべてのブラウザーで行の高さを統一

2. ランドスケープにした際の文字の拡大を防ぐ

bodyのデフォルトマージンを0に統一

IE9以下のブラウザーに対してHTML5対応のためにdisplay: block;を指定

Lesson 08 CSSの基本

Exercise ─ 練習問題

 Lesson08 ▶ L8Exercise ▶ L8EX1 ▶ index.html

Q 既存CSSを読み込み作成サイトにレイアウトとデザインのCSSを適用させ、「index.html」を完成させます。
CSSはレッスンフォルダー「Lesson08>L8EX1>common>css」に格納されています。
はじめにリセットCSS「cssreset.css」をリンクし、
次にスタイル用の「style.css」をリンクさせます。

Before

After

A
●01 レッスンファイルの「index.html」を開きます。コードビューで、<!--css-->の下にCSSファイルの<link>タグを設定します。
●02 CSSデザイナーの[ソース]にある[+]をクリックし、表示メニューから[既存のCSSファイルを添付]を選択して、リセットCSSファイルの「cssreset.css」をリンクさせます。
●03 同様に、スタイル用のCSSファイル「style.css」をリンクします。
●04 HTMLを保存します。保存したHTMLファイルをブラウザーでプレビューするとレイアウト、デザインがされた状態で表示されます。

 Lesson08 ▶ L8Exercise ▶ L8EX2 ▶ index.html

Q レッスンファイルを開き、新規CSSファイルを作成し、スタイルを適用させます。
<h1>タグの文字を白く、背景をグレーに設定するスタイルを作成します。

" Hello World " CSS Design

Before

" Hello World " CSS Design

After

```
@charset "utf-8";
body {
        background-color: #68BAD5;
        color: #FFFFFF;
}
body h1 {
        font-size: 100px;
        letter-spacing: -8px;
        text-align: center;
}
```

A
●01 レッスンファイルの「index.html」を開きます。CSSデザイナーの[ソース]から[+]をクリックし、「style.css」を作成します。
●02 作成した「style.css」にスタイルを設定します。CSSデザイナーの[セレクター]を選択し、タグセレクター「body」を作成します。
●03 [背景]プロパティを選択し、[background-color]を「#68BAD5」に設定します。[テキスト]プロパティを選択し、[color]を「#FFFFFF」に設定します。
●04 CSSデザイナーの[セレクター]を選択し、タグセレクター「body h1」を作成します。
●05 [body h1]を選択状態で、[テキスト]プロパティを選択し、[font-size]を「100px」、[letter-spacing]を「-8px」に、[text-align]を「center」に設定します。
●06 HTMLとCSSファイルを保存します。保存したHTMLファイルをブラウザーでプレビューし、適用されたスタイルを確認します。

CSSの設定

An easy-to-understand guide to Dreamweaver

Lesson 09

実際にレッスンファイルに対してCSSの設定をしながら、色々なCSSの設定方法を学びましょう。この章ではWebページのヘッダーとナビゲーション部分に対するCSS設定をしていきます。Webページにおいて非常に重要な役割を果たす部分であり、CSSの設定に必要な基本的な方法が網羅されています。最後にはロールオーバーの設定も学びます。

9-1 ヘッダーをレイアウトする

CSSのボックスモデルを理解し、実際にHTMLをレイアウトしていきます。サンプルデザインを見ながらレイアウトし、ボーダーを設定し、ヘッダー部分のスタイルを作成します。

ボックスのプロパティ

ボックスモデル

CSSではHTML内の要素を「幅、高さ、余白をもった長方形の領域」とし、ひとつのボックスとして扱います。この長方形を要素ボックスといいます。要素ボックスの中心に「コンテンツエリア」があり、その周囲を「padding」(パディング：内余白)、「border」(ボーダー：境界線)、「margin」(マージン：外余白)のプロパティがそれぞれ囲んでいます。CSSが適用された場合、「padding」、「border」の範囲まで画像、文字などのコンテンツが表示され、マージンは透明な余白となり、周囲の要素ボックスとの間隔を広げるように表示されます。

要素ボックスのサイズを指定する際は「width(幅)」、「height」(高さ)プロパティを指定します。指定するのはコンテンツエリアのみで、「padding」、「border」の幅は含まれません。サイズを指定しない場合、自動(auto)で幅、高さが算出されます。

ボックスのプロパティ

padding、border、marginのプロパティは上、右、下、左の位置を指定し、使用するボックスを横に配置するとmargin、border、paddingが適用され、余白ができる

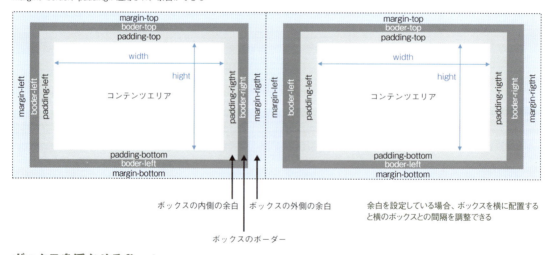

ボックスの内側の余白　ボックスの外側の余白　余白を設定している場合、ボックスを横に配置すると横のボックスとの間隔を調整できる
ボックスのボーダー

ボックスを浮かせるfloat

CSSが適用されていないHTMLでは要素ボックスが縦並びになっている状態で表示されます。要素ボックスを横並び配置する場合、各要素ボックスに「float」プロパティを適用させます。「float」は要素ボックスを浮遊させ、指定した方向に寄せるプロパティです。

使用する場合は、要素ボックスの幅(width)、高さ(height)を指定し、[float]プロパティで[left](左寄せ)か「right」(右寄せ)を指定します。「float」を解除させる場合は「clear」プロパティを使用します。「float」は解除しないと次の要素にも継承されていき、レイアウト崩れの基となるので、気をつけましょう。

floatの指定をしない/する

要素ボックスを横に並びに配置する場合は「float」プロパティを使用する

要素を整列・整列順・折り返し指定が可能なFlexbox

「Flexbox」というCSS3の機能を使えば、横並びはもちろん、整列の順番を変えるなど、柔軟なレイアウトが可能です。縦並びや垂直方向で指定することも可能なため、柔軟なレイアウトに役立ちます。

width、heightで使用する単位「px」と「%」

要素ボックスの横幅は「width」、高さは「height」のプロパティで指定しますが、指定する単位は主に「px」（ピクセル）と「%」を使用します。

・ピクセル単位で指定すると幅は固定で表示されます。
・%で指定すると「ブラウザーサイズに対しての何%か」という指定になります。画面いっぱいの横幅を指定したい場合などは「width:100%;」と指定をします。ただし親要素がピクセル単位で指定している場合、幅は親要素の幅いっぱいに表示されます。

横幅と高さの指定

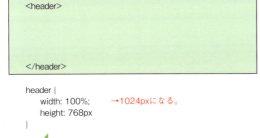

要素ボックスの幅、高さを%で指定した場合

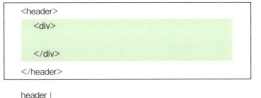

子要素<div>タグで幅、高さを100%で指定すると親要素で指定している高さ、幅を継承する。

レスポンシブでよく使用される単位「em」と「vh」

「em」（エム）はフォントサイズの大きさを「1」とするため、一行の長さを相対的に指定することができます。

「vh」（ビューポート単位）は、ブラウザーの高さいっぱいに画像を表示する際に使用されます。

リセットCSSとレイアウト・デザイン用のCSS

これから学ぶレッスンファイルにはあらかじめリセットCSS用の「cssreset.css」とレイアウト・デザイン用の「style.css」がリンクされています。このレッスンでは「style.css」に各スタイルを設定していきます。

サイト全体にスタイルを適用するため、あらかじめ「style.css」の<body>タグに対し、文字に関するデザインを設定しています。文字や背景色、背景画像などサイト全体でスタイルを適用させたい場合は<body>タグにスタイルを設定します。文字のデザインの詳細は次のセクションで説明していきます。

Lesson09では「style.css」を更新し、各スタイルを設定していく

「style.css」には全ページ共通の初期設定のCSSとして、<body>タグに文字関連のプロパティを設定している

COLUMN

フォント指定について

MacとWindowsでは使用するフォントが異なります。たとえばMacの場合は「ヒラギノ角ゴシック」「ヒラギノ明朝」を使用しますが、Windowsの場合は「メイリオ」「MSゴシック」「MS明朝」を使用します。フォント指定はMac、Windowsを意識した指定が必要になります。

9-1 ヘッダーをレイアウトする

Step 01 <header>タグをレイアウトする

<header>タグをレイアウトし、ボーダーのスタイルを設定します。「width」、「height」、「border-top」のプロパティを使用します。

Lesson 09 ▶ L9-1 ▶ L9-1-S01 ▶ L9-1-S01.html

1 レッスンファイルを開きます。コードビュー上で<header>タグを選択し❶、CSSデザイナーパネルの[ソース]で「style.css」を選択します❷。[セレクター]の[+]をクリックし❸、「header」セレクターを作成します❹。

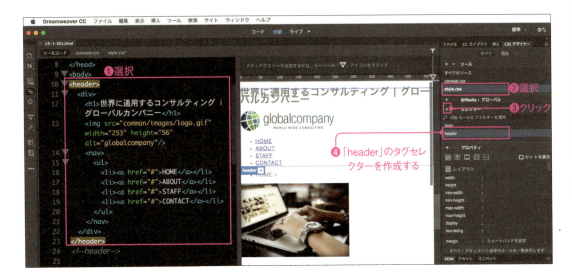

2 作成したセレクター「header」を選択し❶、[レイアウト]のプロパティを設定します❷。CSSデザイナーパネルで[width]に「100%」を指定し❸、[height]は「100%」に指定します❹。

3 次に[ボーダー]のプロパティを設定します❶。[border]の[上]を選択します❷。[width]でボーダーの幅を「4px」に指定し❸、[style]でボーダーのスタイルを[solid]に指定します❹。[color]でボーダーのカラーを「#B1D554」に指定します❺。

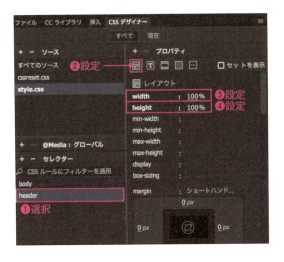

4 最後に「style.css」を保存します。「style.css」をコードビューで確認すると、CSSデザイナーで作成したスタイルが設定されています❶。

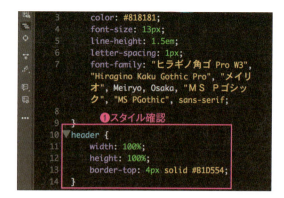

CHECK! ボーダーのスタイル

［ボーダー］のスタイル「solid」は通常のべた塗りのラインになります。そのほかよく使われるのは、「dotted」（ドット）、「dashed」（破線）、「double」（2重線）などのスタイルです。

Step 02 ＜div＞タグにIDを付与し、レイアウトする

<header>タグの中にある<div>タグにID属性［hdrArea］を付け、レイアウトします。「width」、「height」、「margin」のプロパティを使用します。

Lesson09 ▶ L9-1 ▶ L9-1-S02 ▶ L9-1-S02.html

1 レッスンファイルを開きます。コードビュー上で<header>タグ内にある<div>タグを選択します❶。プロパティインスペクタに表示される［Div ID］に「hdrArea」と入力すると❷、<div id="hdrArea">が設定されます❸。

9-1 ヘッダーをレイアウトする

2 コードビューで<div>タグを選択し❶、CSSデザイナーの[ソース]で「style.css」を選択します❷。[セレクター]の[+]をクリックし❸、「#hdrArea」セレクターを作成します❹。

3 作成したセレクター「#hdrArea」を選択し❶、[レイアウト]のプロパティを設定します❷。[width]に「920px」を指定し❸、[height]は「125px」に指定❹、[margin]はすべて[auto]に指定します❺。

4 最後に「style.css」を保存します。「Style.css」をコードビューで確認すると、CSSデザイナーで作成したスタイルが設定されています❶。

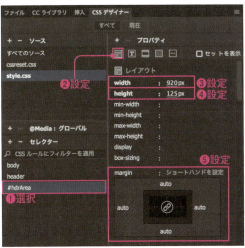

> **CHECK!** **CSSデザイナーの一括変更**
>
> [margin]、[padding]といった四方に値を設定する場合、真ん中のリンクアイコンをクリックした状態（鎖がつながっている状態）で、一カ所変更を行うと、ほかの値も一括で変更されます。

真ん中のリンクアイコンをクリックすると四方を一括変更できる

141

Lesson 09 CSSの設定

Step 03　見出しの<h1>タグをレイアウトする

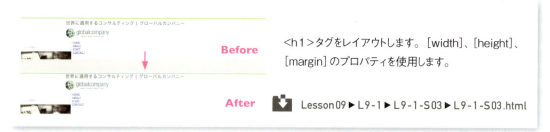

<h1>タグをレイアウトします。[width]、[height]、[margin]のプロパティを使用します。

Lesson09 ▶ L9-1 ▶ L9-1-S03 ▶ L9-1-S03.html

1 レッスンファイルを開きます。コードビュー上で<h1>タグを選択し❶、CSSデザイナーの[ソース]で「style.css」を選択します❷。[セレクター]の[+]をクリックして❸、「#hdrArea h1」セレクターを作成します❹。

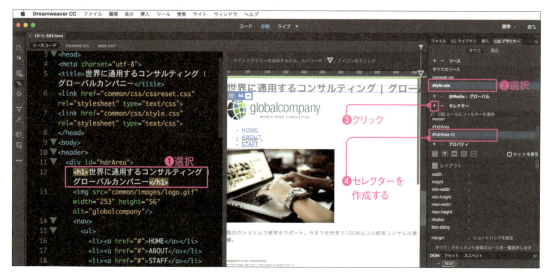

COLUMN

ショートハンドについて

[margin]、[padding]といった四方に値を設定する場合、ショートハンドが便利です。通常、marginを上「5px」、下「15px」に設定する場合、以下のように指定します。
margin-top:5px;
margin-bottom:15px;

ショートハンドを使う場合、以下のようにシンプルに指定ができます。
margin:5px 0 15px;

値の順番は時計周りに「上」「右」「下」「左」で指定されます。設定する値の数により、指定はさらに簡略化されます。
・値がひとつの場合は「上右下左」を指定
・値がふたつの場合は「上下」「右左」
・値が3つの場合は「上」「右左」「下」
・値が4つの場合は「上」「右」「下」「左」

ショートハンドで値を入力する

9-1 ヘッダーをレイアウトする

2 作成したセレクター「#hdrArea h1」を選択し❶、［レイアウト］のプロパティを設定します❷。［width］に「100%」を指定し❸、［height］は「15px」に指定❹、［margin］は上「5px」、下「15px」、左右はそれぞれ「0px」に指定します❺。

3 最後に「style.css」を保存します。コードビューで「style.css」を見て、CSSデザイナーで作成したスタイルが設定されていることを確認します❶。

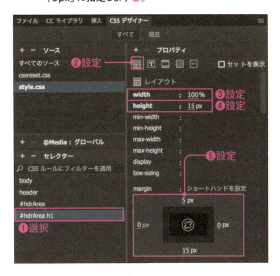

COLUMN

［margin］の左右を［auto］で真ん中に寄せる

親要素である<header>タグは横幅が画面いっぱいに広がるよう100％で指定をしています。<div>タグ［#hdrArea］の［margin］の左右を［auto］に指定しない場合、<div>タグ［#hdrArea］は左に寄った状態で表示されます。<div>タグなどのボックスを真ん中に寄せる場合は、「［margin］の左右を［auto］に指定する」ということを覚えておいてください。

Lesson 09　CSSの設定

Step 04　ロゴ画像とナビゲーションのレイアウト

ロゴ画像を［float］し、左側に配置し、ナビゲーションをロゴ画像の右側に配置します。［float］、［width］、［height］のプロパティを使用します。

Lesson09 ▶ L9-1 ▶ L9-1-S04 ▶ L9-1-S04.html

1 レッスンファイルを開きます。コードビュー上で\<header>タグ内にあるロゴ画像の\<img>タグを選択し❶、CSSデザイナーの［ソース］で「style.css」を選択します❷。［セレクター］の［+］をクリックし❸、「#hdrArea img」セレクターを作成します❹。

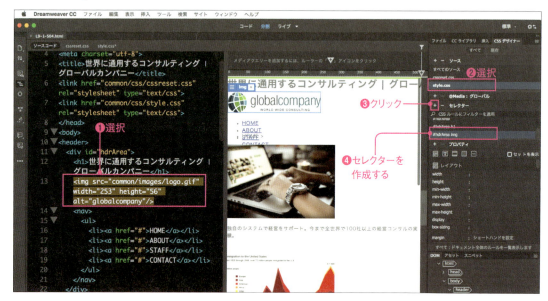

2 作成したセレクター「#hdrArea img」を選択し❶、［レイアウト］のプロパティを設定します❷。［float］に［left］を指定します❸。

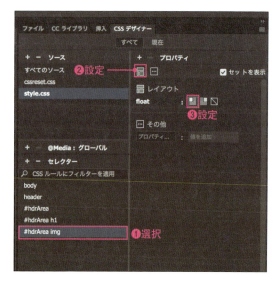

144　Windowsでは、キーは次のようになります。　⌘ → Ctrl　　option → Alt　　return → Enter

3 コードビュー上で<nav>タグを選択し❶、CSSデザイナーの[ソース]で[style.css]を選択します❷。[セレクター]の[+]をクリックして❸、「#hdrArea nav」セレクターを作成します❹。

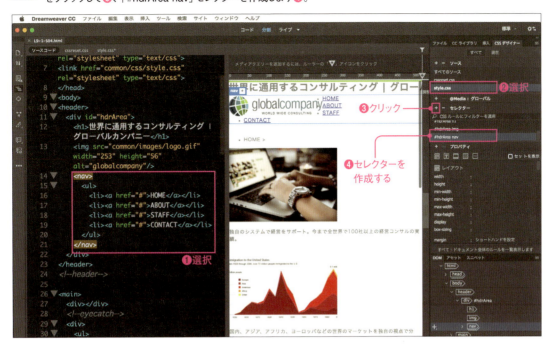

4 作成したセレクター「#hdrArea nav」を選択し❶、[レイアウト]のプロパティを設定します❷。[width]に「360px」を指定します❸。[height]は[auto]に指定して❹、[float]に[right]を指定します❺。

5 最後に「style.css」を保存します。コードビューで「style.css」を見て、CSSデザイナーで作成したスタイルが設定されていることを確認します❶。

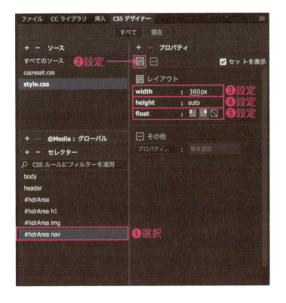

Lesson 09　CSSの設定

Step 05　ナビゲーションのリスト＜ul＞、＜li＞タグのレイアウト

ナビゲーション内の＜ul＞タグ、＜li＞タグのレイアウトをします。［width］、［height］、［margin］、［float］のプロパティを使用します。

Lesson09 ▶ L9-1 ▶ L9-1-S05 ▶ L9-1-S05.html

1 レッスンファイルを開きます。コードビュー上で＜nav＞タグ内にある＜ul＞タグを選択し❶、CSSデザイナーの［ソース］で「style.css」を選択します❷。［セレクター］の［+］をクリックして❸、「#hdrArea nav ul」セレクターを作成します❹。

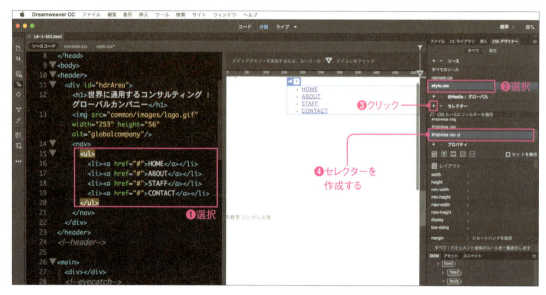

2 作成したセレクター「#hdrArea nav ul」を選択し❶、［レイアウト］のプロパティを設定します❷。［width］は親要素の＜nav＞タグと同じにするため、「100％」と指定します❸。［height］は「30px」に指定します❹。［margin］の上を「20px」に指定して❺、［padding］は四方すべてを「0px」に指定します❻。次に［テキスト］プロパティを設定します❼。［list-style-type］を［none］に指定します❽。

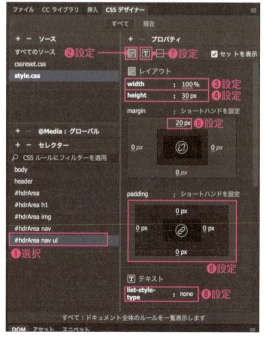

> **CHECK!** セレクター名の変更
>
> ＜nav＞タグ内にある＜li＞タグを選択した状態で、［セレクター］の［+］をクリックし、セレクターを作成した場合、セレクター名は「nav ul li」と作成されます。「#hdrArea」の子孫セレクターとしたほう」がわかりやすいので、「#hdrArea nav ul li」と変更してください。

146　Windowsでは、キーは次のようになります。　⌘ → Ctrl　option → Alt　return → Enter

9-1 ヘッダーをレイアウトする

3　CSSデザイナーの［ソース］で「style.css」を選択します❶。［セレクター］の［+］をクリックし❷、新規セレクター名として「#hdrArea nav ul li」と入力して作成します❸。

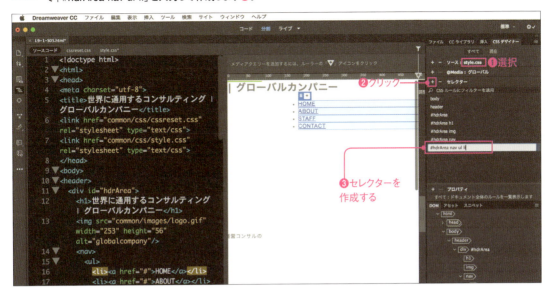

4　作成したセレクター「#hdrArea nav ul li」を選択し❶、［レイアウト］のプロパティを設定します❷。［width］は「90px」と指定し❸、［height］は「30px」に指定します❹。［float］を「left」に指定して、メニューを横並びにします❺。

CHECK! ナビゲーションとなるメニューの数

親要素となる<nav>タグの［width］は「360px」に設定されています。メニューとなる<li>タグのリストは4つあるので、360px÷4＝90pxとなるので、ここでは［width］を「90px」で設定しました。ナビゲーションとなるメニューの個数はあらかじめ決めておき、均等に割れるとスムーズにコーディングが進みます。

5　最後に「style.css」を保存します。コードビューで「style.css」を見て、CSSデザイナーで作成したスタイルが設定されていることを確認します❶。

Lesson 09　CSSの設定

9-2 ヘッダーの文字をレイアウトする

ヘッダーの文字のデザインをします。文字のサイズ、行の高さ、文字の間隔など文字に関するスタイルを学びます。

文字の調整をする際の単位

Webページでは文字サイズ等のプロパティ指定する際、「px」、「em」、「％」の単位がよく使われます。「px」は画面を構成するピクセルを基準にした絶対単位です。「em」と「％」は使用しているOS環境に依存し、かつ親要素のサイズを基準にした相対単位になります。

CSSが何も設定されていない初期状態では、文字サイズは、ほとんどのブラウザーでは「16px」となり、「1em」、「100％」となります。
たとえば、[body]要素で文字サイズを「13px」と設定した場合、1em＝13px、100％＝13pxとなります。

文字サイズの単位

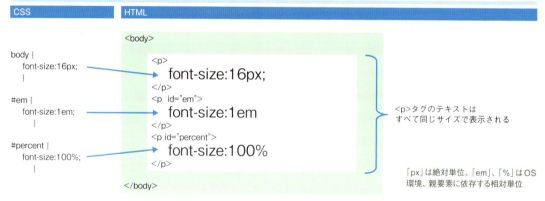

font-size

文字のサイズを指定します。指定する単位は「px」、「em」、「％」の3つがよく使われます。「px」はOSに依存せず、各ブラウザーで同じサイズの表示が実現できます。ただし、ブラウザー側で文字サイズを変更できないというデメリットがあります。「em」、「％」で指定する場合はブラウザー側で文字サイズを変更できます。

line-height

行の高さを指定します。「line-height」を何も指定しない場合、上の行に詰まってしまい、上下の間隔が狭く感じられます。指定する単位は「em」、「px」、がよく使われます。

行の高さの指定例。指定する値が大きくなると行の高さが伸びる。値は小数点も指定可能

letter-spacing

文字の間隔を指定します。指定する単位は「em」、「px」がよく使われます。読みやすい間隔としてよく指定されているのが、大体1px～2pxです。

文字間の指定例。指定する値が大きくなると文字の間隔が広がる。値は小数点も指定可能

Windowsでは、キーは次のようになります。　⌘ → Ctrl　　option → Alt　　return → Enter

フォントを指定する「font-family」

フォントを指定する際は「font-family」を使用します。フォントは「,」(カンマ)で区切ることで複数指定できます。ユーザの環境にインストールされているフォントの中から、記述した順に利用可能なフォントが選択され、適用されます。

下の図のフォントはDreamweaverが用意している「font-family」のひとつで、Mac、Windows用のフォントを両方指定する「font-family」になっています。

一方ユーザの環境に左右されず、好きなフォントを指定するのが、WebフォントというCSS3で追加された仕様です。詳しくは次のLessonで説明していきます。

CSSでのフォント指定

フォントを指定する際は「font-family」プロパティを指定します。
一般的にフォントは全ページ共通で初期設定するため、<body>タグにします。

CSS
```
body {
    color: #818181;
    font-size: 13px;
    line-height: 1.5em;
    letter-spacing: 1px;
    font-family: "ヒラギノ角ゴ Pro W3", "Hiragino Kaku Gothic Pro", "メイリオ", Meiryo, Osaka, "MS Pゴシック", "MS PGothic", sans-serif;
}
```

記述した順に利用可能なフォントが選択され、適用されます。

① ヒラギノ角ゴ Pro W3, "Hiragino Kaku Gothic Pro" ※Mac用
② メイリオ, Meiryo ※Windows用
③ Osaka ※Mac用
④ MS Pゴシック, "MS PGothic" ※Windows用
⑤ sans-serif ※ゴシック体のフォント

フォントを指定する際は、Window、Macの環境を考慮して、複数設定を行う

<body>タグで指定したCSSの継承

文字に関するスタイルは通常、全ページ共通で初期設定を行います。そのため、サンプルの作例サイトでは、予め<body>タグに以下の文字に関するスタイルを適用させています。<body>タグに設定しているので、<body>タグ配下のタグすべてにスタイルが継承されます。<body>タグで設定しているプロパティは以下になります。

・文字の色 (color)
・文字のサイズ (font-size)
・フォント (font-family)
・行の高さ (line-height)
・文字の間隔 (letter-spacing)

<body>タグで設定しているCSS

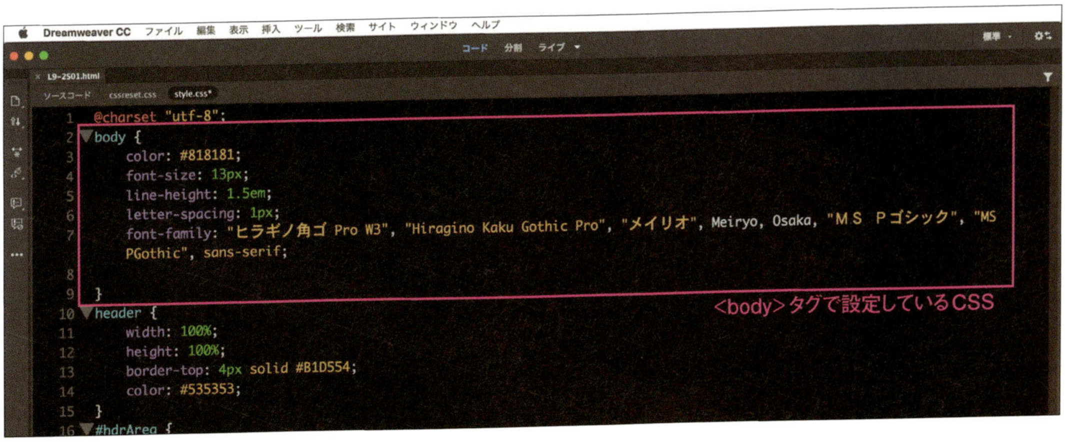

Lesson 09　CSSの設定

Step 01　＜header＞タグの文字の色を変更する

サンプルのデザインを見るとヘッダーの文字の色は濃いグレーでデザインされています。＜header＞タグに対し、[color]プロパティを適用し、文字の色を変更します。

Lesson09 ▶ L9-2 ▶ L9-2-S01 ▶ L9-2-S01.html

1 レッスンファイルを開きます。コードビュー上で＜header＞タグを選択し❶、CSSデザイナーの[ソース]で「style.css」を選択します❷。[セレクター]で対象となる[header]を選択します❸。

2 [テキスト]のプロパティを設定します❶。[color]に「#535353」と指定します❷。

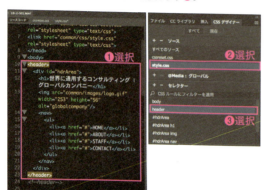

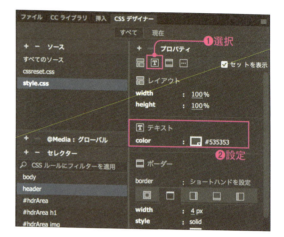

3 最後に「style.css」を保存します。コードビューで「style.css」を見て、CSSデザイナーで作成したスタイルが設定されていることを確認します❶。

COLUMN

カラーピッカーについて

カラーピッカーで指定できるカラーは3つあります。本書ではカラーを「Hex」で指定します。
- hex:#B0D552
- rgba (177,213,84,1.00)
- hsla (77,61%,58%,1.00)

カラーピッカーには[色相]❶、[明度]❷、[アルファ]❸の3つのバーをそれぞれ上下に動かすことで、好きな色を作成することができます。また画面右下の[スポイト]❹を使うことで、デザインビューのカラーを抽出する機能もあるので、使ってみてください。

❶[色相]の設定。今のカラーを基準に色相を変更する

❷[明度]の設定。バーを下にすると色が濃くなる

❸[アルファ]の指定。透明度の設定をするときに使用する

❹[スポイト]。デザインビューのカラーを抽出できる

Windowsでは、キーは次のようになります。　⌘ → Ctrl　　option → Alt　　return → Enter

Step 02　見出し<h1>タグの文字を変更する

左寄せになっている<h1>タグのテキストを右寄せにし、文字の間隔を狭めます。文字を右、真ん中、左のいずれかに寄せる場合は「text-align」プロパティを使用します。

Lesson09 ▶ L9-2 ▶ L9-2-S02 ▶ L9-2-S02.html

1 レッスンファイルを開きます。コードビュー上で<h1>タグを選択し❶、CSSデザイナーの[ソース]で「style.css」を選択します❷。[セレクター]で対象となる[#hdrArea h1]を選択します❸。

2 [テキスト]のプロパティを設定します❶。[font-weight]を[normal]に指定し❷、[font-size]を「100%」に指定します❸。[text-align]を[right]と指定し❹、[letter-spacing]を「0」に指定します❺。

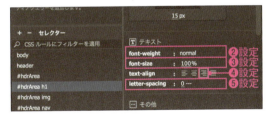

3 最後に「style.css」を保存します。コードビューで「style.css」を見て、CSSデザイナーで作成したスタイルが設定されていることを確認します❶。

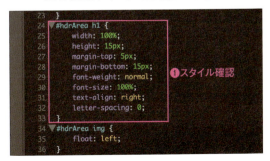

> **CHECK!** 文字を右寄せ、真ん中、左寄せ、と指定する「text-align」
>
> 幅、長さを指定したボックスを左、右と並べるには[float]を使いますが、文字を寄せる場合は[text-align]を使用します。
>
> text-align: left;　　文字を左寄せ
> text-align: center;　文字を真ん中寄せ
> text-align: right;　 文字を右寄せ

Lesson 09　CSSの設定

Step 03　<ul>タグの文字を変更する

リスト全体に対し、文字のスタイルを適用します。
「font-size」、「line-height」、「letter-spacing」、
「text-align」のプロパティを使用します。

Lesson09 ▶ L9-2 ▶ L9-2-S03 ▶ L9-2-S03.html

1 レッスンファイルを開きます。コードビュー上で<ul>タグを選択し❶、CSSデザイナーの[ソース]で[style.css]を選択します❷。[セレクター]で対象となる[#hdrArea nav ul]を選択します❸。

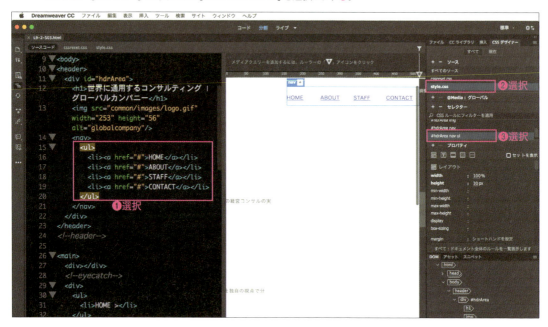

2 [テキスト]のプロパティを設定します❶。[font-size]を「14px」と指定❷、[line-height]を「2em」に指定❸、[text-align]を[center]に指定❹、[letter-spacing]を「0.5px」にそれぞれ指定します❺。

3 最後に「style.css」を保存します。コードビューで「style.css」を見て、CSSデザイナーで作成したスタイルが設定されていることを確認します❶。

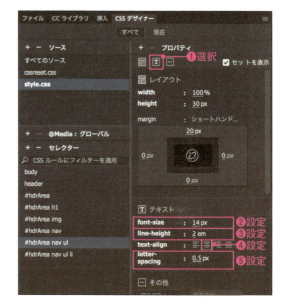

152　Windowsでは、キーは次のようになります。　⌘ → Ctrl　option → Alt　return → Enter

9-3 ナビゲーションにロールオーバーを設定する

ナビゲーションにマウスがのった時に、背景を緑に文字を白に変更し、どこメニューを選択しているかわかるようにロールオーバーを設定します。

ロールオーバーとは

「ロールオーバー」とはユーザがナビゲーション、またはボタンなどにマウスをのせた時に文字の色、背景などを変更する動作のことをいいます。

ロールオーバーはJavaScriptなどを使用するなどいろいろな実装方法がありますが、ここではCSSのみで簡単にできる方法を実装していきます。

CSSの疑似クラス[:hover]を使い、対象のタグにマウスをのせたときに背景色[background]、文字色[color]を変更するような効果を実装します。対象のタグからマウスを外すと元の色に戻ります。

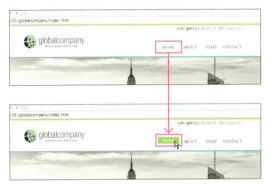

ロールオーバーの例。[HOME]ボタンにマウスカーソルを持っていくと、ボタンの色が変わる

リンクに関する疑似クラス

「疑似クラス」は、要素のある状態に対して、スタイルを適用させる記述方法です。一般的に<a>タグと一緒によく使われます。今回はCSSのみでロールオーバーを実現するため、[:hover]を使用します。以下の例はよく使用する動的な疑似クラスになります。

擬似クラスの例

元のHTML　　`<a href="http://gihyo.jp/book">Psedo-class</a>`

表示結果

Psedo-class

Psedo-class

Psedo-class

Psedo-class

CSSの内容

・未訪問のリンク指定は":link"
```
a:link {color:red;}
```

・訪問済みのリンク指定は":visited"
```
a:visited{color:purple;}
```

・マウスがのっている場合は":hover"
```
a:hover{color:pink;}
```

・マウスを押している時":active"
```
a:active{color:brown;}
```

<a>タグの疑似クラスのサンプル。未訪問、訪問済み、対象にマウスがのっている場合、対象をマウスでクリックしている場合

ブロックレベル要素とインライン要素

HTMLにはブロックレベル要素とインライン要素の2種類があります。
ブロックレベル要素は、見出し、段落、表など文章の構造を表すタグを指します。ブロックレベル要素のタグが隣接する場合、ブラウザー上では改行されて表示されます。
インライン要素は主にブロックレベル要素内のテキストにリンクなど特定の意味を指定するタグを指します。

ブロックレベル要素とインライン要素の文書構造

ブロックレベル要素は幅、高さの指定を行うが、インライン要素は不要

オールオーバーの実装

本項では<a>タグにCSSの[display]プロパティの[block]を指定することで、<a>タグをブロック要素とし、マウスがのったときにブロック全体の背景を変更するという手法を使いロールオーバーを実装します。

COLUMN

「コンテンツモデル」について

HTML5からはブロックレベル要素とインライン要素の種別はなくなり、「コンテンツモデル」という概念に変わりました。コンテンツモデルでは要素の目的に応じて細かくカテゴリーに分かれ、要件が一致するコンテンツを記述する必要があります。これは、HTMLの文法通り、タグ本来の使い方をして、Webページを組み立てるということです。
はじめはわかりやすいブロックレベル要素とインライン要素で要素を分けてコーディングし、要領をつかめてきたら、コンテンツモデルを意識してみてください。

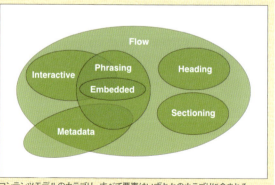

コンテンツモデルのカテゴリ、すべて要素はいずれかのカテゴリに含まれる

9-3 ナビゲーションにロールオーバーを設定する

Step 01 <a>タグのスタイルを作成する

はじめにナビゲーションのメニューにロールオーバーを実装するため、<a>タグのスタイルを作成します。

Lesson09 ▶ L9-3 ▶ L9-3-S01 ▶ L9-3-S01.html

1 レッスンファイルを開きます。CSSデザイナーの［ソース］で「style.css」を選択します❶。［セレクター］の［+］をクリックし❷、新規セレクター名として［#hdrArea nav ul li a］と入力し作成します❸。

2 ［レイアウト］のプロパティを設定し❶、［display］を［block］と指定します❷。続けて、［テキスト］のプロパティを選択して❸、［color］を「#535353」と設定し❹、［text-decoration］を［none］に設定します❺。

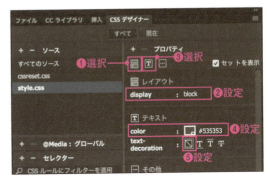

3 最後に「style.css」を保存します。コードビューで「style.css」を見て、CSSデザイナーで作成したスタイルが設定されていることを確認します❶。

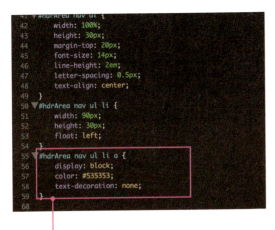

❶スタイル確認

CHECK! 文字に下線、上線、取消し線を指定する「text-decoration」

［text-decoration］は文字に「下線」、「上線」、「取消し線」を指定するプロパティです。ブラウザーで見ると<a>タグはデフォルトで下線が設定されてしまっているので、［none］（なし）に指定します。

Lesson 09　CSSの設定

Step 02　ロールオーバーを実装する

Step01でスタイルを作成した<a>タグにマウスがのった場合、背景を緑に、文字を白く変更するスタイルを作成します。<a>タグに対して":hover"という疑似クラスを使用します。

 Lesson09 ▶ L9-3 ▶ L9-3-S02 ▶ L9-3-S02.html

1 レッスンファイルを開きます。CSSデザイナーの[ソース]で「style.css」を選択します❶。[セレクター]の[+]をクリックし❷、新規セレクター名として「#hdrArea nav ul li a:」(最後に「:」(コロン)を入力)と入力すると❸、メニューが表示されるので[:hover]を選択します❹。最終的に[#hdrArea nav ul li a:hover]というセレクターが作成されます。

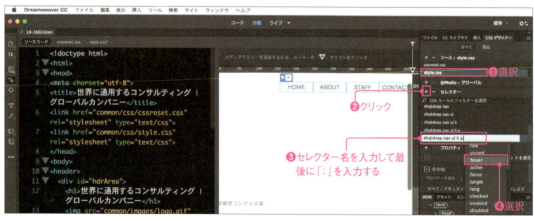

COLUMN

画像を使ったロールオーバー

Dreamweaverでは画像を使ったロールオーバーが簡単に実装できます。
挿入パネルの[HTML]を選択して、[ロールオーバーイメージ]のメニューをクリックします。すると、[ロールオーバーイメージの挿入]ダイアログボックスが表示されます。
[ロールオーバーイメージ]ダイアログボックスの[元のイメージ]には、表示させる画像を設定します。[ロールオーバーイメージ]には、マウスが元のイメージにのった場合に表示する画像を設定します。
Dreamweaverでは画像を使用したロールオーバーは、このように簡単に作成できますが、その結果HTMLには大量のJavascriptのコードが挿入されることになります。複雑なソースはメンテナンスしにくくなるので、できるだけCSSのみでロールオーバーを実装する方法をオススメします。

挿入パネルの[HTML]には、[ロールオーバーイメージ]を設定するメニューがある

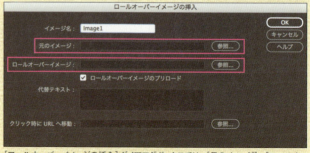

[ロールオーバーイメージの挿入]ダイアログボックスでは、[元のイメージ]、[ロールオーバーイメージ]を指定し、[OK]ボタンをクリックすればいい

9-3 ナビゲーションにロールオーバーを設定する

2 作成したセレクター[#hdrArea nav ul li a:hover]を選択します❶。[テキスト]プロパティを設定し❷、[color]を「#FFFFFF」に設定します❸。続けて、[背景]プロパティを選択し❹、[background-color]を「#B1D554」に設定します❺。

3 最後に「style.css」を保存します。コードビューで「style.css」を見て、CSSデザイナーで作成したスタイルが設定されていることを確認します❶。

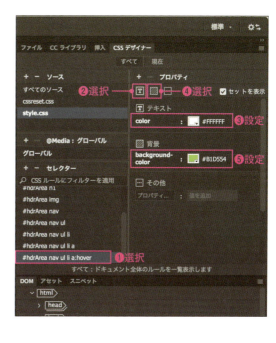

❶スタイル確認

COLUMN

エレメントディスプレイ

画像などの要素を選択すると、ライブビューにエレメントディスプレイが表示されます。コード補完機能により既存のCLASS/IDの関連付けをより直感的に行うことができます。主な機能は以下の通りです。
・CLASS/IDを新規に作成してHTMLエレメントに関連付ける
・選択した要素に既存のCLASS/IDを関連付ける
・関連づけられたCLASS/IDを削除する
・選択した要素のHTML属性を編集することができる

この例では画像を選択している

[+]をクリックし❶、任意の文字を入力することで❷、CLASS/IDをHTMLに関連付けることができます。ENTERキーもしくは[+]クリックで確定し、CLASS/IDのソースを選択します❸。

[×]をクリックすると❶、関連付けていたCLASS/IDが削除されます。

[三]をクリックすると❶、HTML属性を編集することができます❷。

Lesson 09　CSSの設定

Exercise―練習問題

 Lesson09 ▶ L9Exercise ▶ L9EX1 ▶ L9EX1.html

レッスンファイルの CSS ファイルにスタイルを適用させます。
ライブビューから <p> タグにクラス名「.box」を付け、文字サイズを「50px」に設定するスタイルを作成します。

" Hello World " CSS Design

Before

" Hello World " CSS Design

リンク

After

```
.box{@charset "utf-8";
body {
        background-color: #68BAD5;
        color: #FFFFFF;
}
body h1 {
        font-size: 100px;
        letter-spacing: -8px;
        text-align: center;
}
.box{
        font-size: 50px;
}
```

●01 レッスンファイルを開きます。コードビューでタグセレクター <p> を選択し、ライブビューで表示された [エレメントディスプレイ] の [+] をクリックして「.box」と入力します。
●02 セレクターの [.box] を選択し、CSSデザイナーで [テキスト] プロパティを選択し、[font-size] を「50px」に設定します。

●03 HTMLとCSSファイルを保存し、ブラウザーでHTMLファイルをプレビューして、適用されたスタイルを確認します。

 Lesson09 ▶ L9Exercise ▶ L9EX2 ▶ L9EX2.html

レッスンファイルの CSS ファイルにスタイルを適用させます。
リンクタグの文字色を黒色、hover 時に黄色、中央寄せに設定するスタイルを作成します。

" Hello World " CSS Design

リンク

Before

" Hello World " CSS Design

リンク

After

```
.box{
        font-size: 50px;
        text-align: center;
}
a {
        color: #000000;
        text-decoration: none;
}
a:hover {
        color: #F2FF28;
}
```

●01 レッスンファイルを開きます。CSSデザイナーの [セレクター] の [+] をクリックして、新しいタグセレクター [a] を作成します。
●02 作成したタグセレクター [a] を選択します。[テキスト] プロパティで、[color] を「#000000」に設定、[text-decoration] を [none] に設定します。
●03 CSSデザイナーの [セレクター] の [+] をクリックして、新しいタグセレクター [a:hover] を作成します。作成した [a:hover] を選択します。

●04 [テキスト] プロパティの [color] を「#F2FF28」に設定します。
●05 CSSデザイナーで、[セレクター] の [.box] を選択します。
●06 [テキスト] プロパティの [text-align] を [center] に設定します。
●07 CSSファイルを保存し、HTMLファイルをブラウザーでプレビューして、適用されたスタイルを確認します。

CSSデザイン

An easy-to-understand guide to Dreamweaver

Lesson **10**

Lesson09の続きとして、コンテンツ部分に対してCSSデザインをしていきます。コンテンツ部分は、文章や画像がさまざまにレイアウトされるため、内容に応じて、柔軟にCSSでデザインできなくてはなりません。レイアウト、文字、ボーダー、背景などをCSSでデザインしていく基礎を身につけましょう。最後にはWebページ作成時につまずく問題も解説していきます。

Lesson 10　CSSデザイン

10-1 コンテンツ領域のデザイン

ヘッダーに続き、次はコンテンツ領域を作成します。前述で学んだレイアウト、文字のデザインに加えて、背景のデザインも学んで行きます。

ID、CLASSセレクター名の付け方

どのような名前でID、CLASSのセレクター名を付けるかは、コーディングをしていると悩むかと思います。現在、多く使われているのは英単語を組み合わせた以下の3つの方法です。

「_」(アンダースコア) で小文字の英単語をつなげる

英単語をそのまま、または省略し、「_」でつなげる方法です。エディタでダブルクリックをして、選択できます。

「_」（アンダースコア）で小文字の英単語をつなげる

main_contents

ふたつ目の英単語の先頭を大文字にする

最初の英単語は小文字で2番目の英単語の先頭を大文字にする方法。ラクダのコブのような姿から、キャメルケースと言われています。エディタでダブルクリックをして、選択できます。

ふたつ目の英単語の先頭を大文字にする（キャメルケース）

mainContents

「-」(ハイフン) で小文字の英単語をつなげる

英単語をそのままで、または省略し、「-」でつなげる方法です。エディタでダブルクリックをしても選択できないのがデメリットです。

「-」（ハイフン）で小文字の英単語をつなげる

main-contents

CSSソースを見やすくする

CSSデザイナーでCSSを作成していくと、実際にCSSが記述されている「style.css」はほとんど見なくてもレイアウトデザインが可能になります。Webサイト制作を行う場合、CSSソースを見て直接ソースを修正する場合もあるので、CSSソースはコメントを入れて、できるだけわかりやすくしておきましょう。
CSSソースにコメント入れるには「/*」と「*/」の間にコメント入れます。
例：/* これはコメントです */

ソースを見やすくするためにコメントを入れる

ボーダーのスタイルについて

「ボーダー」は［ボーダー］プロパティを使用します。ボーダーはボックスのすべての辺に設定ができます。はじめにボーダーを設定する位置を決めて、次に以下の3つをセットします。

・width：ボーダーの幅を設定する
・style：ボーダーのスタイルを設定。何も設定しないとべた塗り（solid）が適用される
・color：ボーダーのカラーを設定する

border-radiusはCSS3から追加されたボックスの角を角丸にするプロパティです。次のLesson 11 で解説します。

❶ボーダーの位置を指定する
❷ボーダーの幅（widht）、スタイル（style）、カラー（color）を指定する
❸border-radiusはボーダーの角を角丸に指定する
❹border-collapseは隣接するボーダーを重ねるか、間隔をあけるか指定する。ボーダーの間隔をあける場合、border-spacingでどのくらいあけるか指定する

背景のスタイルについて

背景のスタイルは［background］プロパティを使用します。背景に画像を設置する場合は以下の3つをセットで指定します。

・background-image：背景画像を指定する
・background-repeat：背景画像のリピートを指定
　「repeat」縦、横にリピート（初期値）
　「no-repeat」リピートしない
　「repeat-y」縦にリピート
　「repeat-x」横にリピート
・background-position：背景画像の表示開始位置を指定。指定する値はふたつあり、ひとつ目の値は左右の指定、ふたつ目の値は上下の指定。左右上下、真ん中で表示したい場合は以下のように指定する
　background-position: center center;
　左端、上端を基準に「％」や「px」の数値で指定をすることも可能

以下は、そのほかのプロパティ
・background-clip：背景画像の表示領域を指定する
・background-origin：背景画像を配置する基準位置を指定する
・background-attachment：ページスクロール時に背景画像の固定（fixed）または移動（scroll）を指定

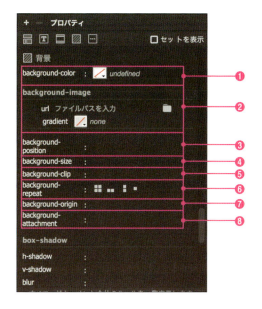

❶背景のカラーを指定する
❷背景画像を指定する。gradientを指定する場合、グラデーションを指定する
❸背景画像の表示開始位置を指定する
❹背景画像のサイズを指定する
❺背景の適用範囲を指定する
❻背景画像のリピートを指定する
❼背景の基準位置を指定する
❽スクロールした際、背景画像を固定にするか指定する

Lesson 10 CSSデザイン

Step 01 <main>タグのスタイルを作成する

Before　After

コンテンツ領域となる<main>タグのスタイルを設定します。[width]、[height]、[background-color]のプロパティを使用します。

Lesson10 ▶ L10-1 ▶ L10-1-S01 ▶ L10-1-S01.html

1. レッスンファイルを開きます。コードビュー上で<main>タグを選択し❶、CSSデザイナーの[ソース]で「style.css」を選択します❷。[セレクター]の[+]をクリックし❸、新たに[main]タグセレクターを作成します❹。

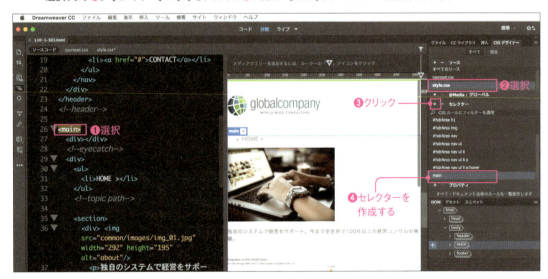

2. 作成したセレクターを選択し❶、[レイアウト]のプロパティを設定します❷。[width]に「100%」を指定し❸[height]は[auto]に指定します❹。[背景]のプロパティを選択し❺[background-color]を「#F7F7F7」に指定します❻。

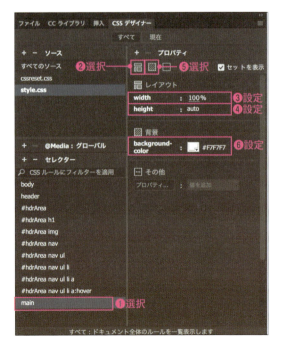

3. コードビューで「style.css」を見て、CSSデザイナーで作成したスタイルが設定されていることを確認します❶。

10-1 コンテンツ領域のデザイン

Step 02 アイキャッチのスタイルを作成する

Before → After

メインイメージとなる画像を設定します。<main>タグ内の<div>タグにスタイルを設定します。なお、このStepでは、準備として「L10-1-S02」フォルダーをサイト定義しておいてください。

Lesson 10 ▶ L10-1 ▶ L10-1-S02 ▶ L10-1-S02.html

1 レッスンファイルを開きます。コードビュー上で<main>タグ内にある<div>タグを選択します❶。プロパティインスペクタに表示される[Div ID]に「eyecatch」と入力すると❷、<div id="eyecatch">が設定されます❸。

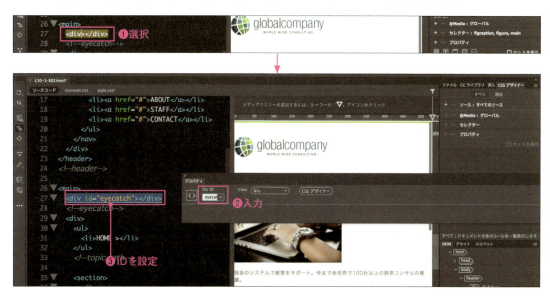

2 コードビューで設定された<div>タグを選択し❶、CSSデザイナーの[ソース]で「style.css」を選択します❷。[セレクター]の[+]をクリックし❸、[#eyecatch] IDセレクターを作成します❹。

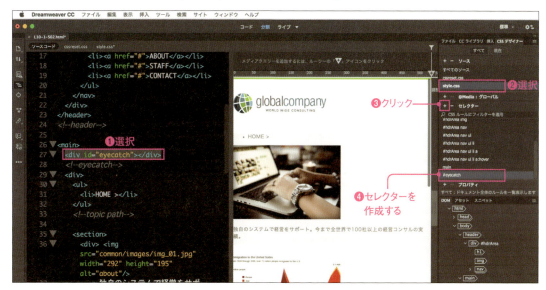

163

Lesson 10 CSSデザイン

3 作成したセレクター[#eyecatch]を選択し❶、[レイアウト]のプロパティを設定します❷。[width]に「100%」を指定し❸、[height]は「352px」に指定します❹。

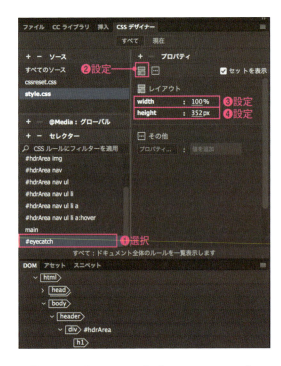

4 [ボーダー]を選択し❶、[border]の[上]を選択します❷。[width]でボーダーの幅を「4px」に指定❸、[style]でボーダーのスタイルを[solid]に指定❹、[color]でボーダーのカラーを「#68BAD5」に指定します❺。次に[border]で[下]を設定したら❻、❸❹❺の設定を再度行ないます。

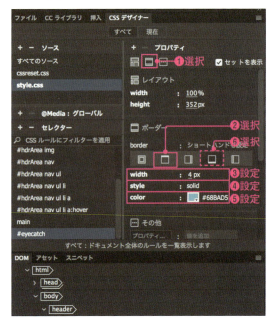

5 [背景]を選択し❶、[background-image]に、「common/images/main_img.jpg」ファイルを設定します❷。[background-position]は[center center]を指定し❸、[background-repeat]は[no-repeat]を指定します❹。

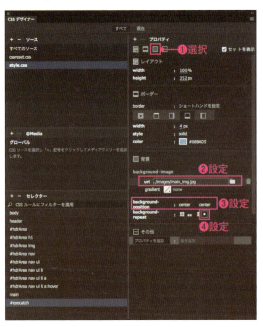

6 コードビューで「style.css」を見て、CSSデザイナーで作成したスタイルが設定されていることを確認します❶。

❶スタイル確認

COLUMN

「background」をショートハンドで設定する

「margin」、「padding」プロパティと同様に背景を設定する「background」にもショートハンドで設定が可能です。設定しないプロパティは初期値が設定されます。慣れてきたショートハンドの方が早くコーディングできるので、試してみてください。

Step 03 <div>タグにID「wrapper」を付与しスタイルを作成

メインコンテンツのレイアウトを設定します。<div id="eyecatch">タグ下にある<div>タグにID「wrapper」を付け、スタイルを設定します。[width]、[height]、[margin]などのプロパティを使用します。

Lesson 10 ▶ L10-1 ▶ L10-1-S03 ▶ L10-1-S03.html

1 レッスンファイルを開きます。コードビュー上で<div id="eyecatch">タグの下にある<div>タグを選択します❶。プロパティインスペクタに表示される[DivID]に「wrapper」と入力すると❷、<div>タグが<div id=" wrapper">と設定されます❸。

2 コードビューで設定された<div>タグを選択して❶、CSSデザイナーの[ソース]で「style.css」を選択します❷。[セレクター]の[+]をクリックして❸、[#wrapper] IDセレクターを作成します❹。

Lesson 10 CSSデザイン

3 作成したセレクター[#wrapper]を選択し❶、[レイアウト]のプロパティを設定します❷。[width]に「920px」を指定❸、[height]は[auto]に指定❹、[margin]の[margin-left]と[margin-right]を[auto]に指定します❺。

4 コードビューで「style.css」を見て、CSSデザイナーで作成したスタイルが設定されていることを確認します❶。

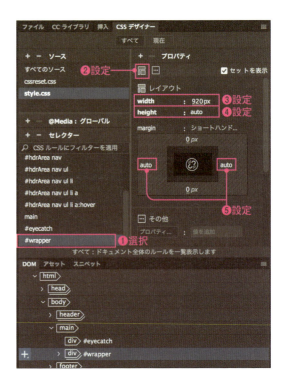

COLUMN

「wrapper」とは？

コンテンツ全体を囲んで、ページの真ん中に寄せる、背景を入れるなど時によく使われるのが、「wrapper」や「container」といったID、CLASS名をつけてレイアウトする方法です。作例サイトでは<main>タグの横幅を100％で設定し、背景に色のスタイルを設定しました。ページ全体の幅を920pxとして、真ん中に表示するのには、メインコンテンツ、サイドコンテンツを囲んだボックスが必要になります。そのため、ID「wrapper」という<div>タグを作成しました。

wrapperを使用しない場合、コンテンツは左右どちらかに寄ってしまう

wrapperを使用し、ページの真ん中にレイアウトする

10-1 コンテンツ領域のデザイン

Step 04 パンくずリストのスタイルを作成する

パンくずリストとなるエリアを設定します。<div id="wrapper">タグの下にある<ul>タグに、[topicPath] IDを付けてスタイルを設定し、<li>タグについても、スタイルを設定します。

Lesson10 ▶ L10-1 ▶ L10-1-S04 ▶ L10-1-S04.html

1 レッスンファイルを開きます。コードビュー上で<div id="wrapper">タグの下にある<ul>タグを選択します❶。プロパティインスペクタに表示される[ID]に「topicPath」と入力すると❷、<div id="topicPath">が設定されます❸。

2 コードビューで設定された<ul>タグを選択し❶、CSSデザイナーの[ソース]で「style.css」を選択します❷。[セレクター]の[+]をクリックし❸、新しく[#wrapper #topicPath]セレクターを作成します❹。

Lesson 10　CSSデザイン

3 作成したセレクターを選択し❶、[レイアウト]のプロパティを設定します❷。[width]に「880px」を指定❸、[height]は「20px」に指定します❹。「margin」の[margin-top]と[margin-bottom]を「10px」に指定、[margin-left]と[margin-right]を「40px」に指定❺、「padding」の四方すべてを「0px」に設定❻、[float]を[left]に設定します❼。[テキスト]のプロパティを選択し❽、[text-align]を[left]に設定❾、「list-style-type」を[none]に設定します❿。

CHECK!　「パンくずリストの設定」について

パンくずとはWebページの階層をわかりやすく表示するもので、ユーザがどのWebページを見ているか知らせる役割があります。レッスンファイルのデザインの場合、トップページなので、「HOME」と表示させています。

4 次に\<li>タグを選択し❶、CSSデザイナーの[ソース]で「style.css」を選択します❷。[セレクター]の[+]をクリックして❸、新しく[#wrapper #topicPath li]セレクターを作成します❹。

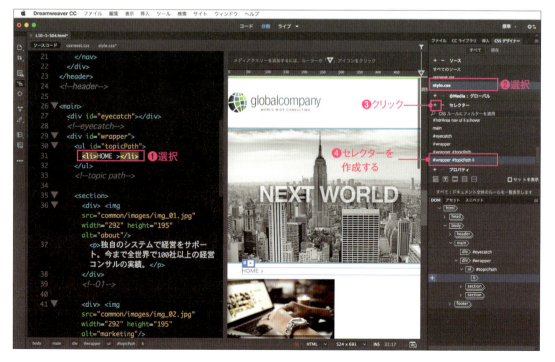

Windowsでは、キーは次のようになります。　⌘ → Ctrl　　option → Alt　　return → Enter

10-1　コンテンツ領域のデザイン

5　作成したセレクターを選択し❶、[レイアウト]のプロパティを設定します❷。[padding]の[padding-left][padding-right]にそれぞれ「5px」と設定❸、[float]を[left]にを設定します❹。

6　コードビューで「style.css」を見て、CSSデザイナーで作成したスタイルが設定されていることを確認します❶。

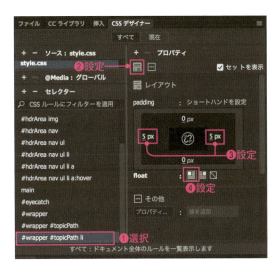

Step 05　メインコンテンツ領域のスタイルを作成する

メインコンテンツとなる領域をレイアウトし、薄いグレーの背景を設定します。<wrapper>タグのコンテンツ領域内には左にメインコンテンツ、右にサイドコンテンツを配置します。

Lesson10 ▶ L10-1 ▶ L10-1-S05 ▶ L10-1-S05.html

1　レッスンファイルを開きます。コードビュー上で<section>タグを選択します❶。プロパティインスペクタに表示される[Section ID]に「mainContents」と入力すると❷、<section id=" mainContents ">が設定されます❸。

Lesson 10 CSSデザイン

2 コードビューで設定した<section>タグを選択し❶、CSSデザイナーの[ソース]で「style.css」を選択します❷。[セレクター]の[+]をクリックして❸、新しく[#wrapper #mainContents] IDセレクターを作成します❹。

3 作成したセレクターを選択し❶、[レイアウト]のプロパティを設定します❷。[width]に「640px」を指定❸、[height]は「645px」に指定❹、[margin]の[margin-bottom]を「45px」に指定❺、[float]は[left]に指定します❻。次に[背景]プロパティを選択し❼、[background-color]を「#FBFBFB」に指定します❽。

4 コードビューで「style.css」を見て、CSSデザイナーで作成したスタイルが設定されていることを確認します❶。

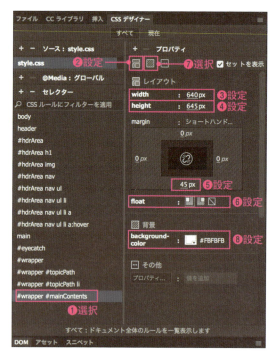

COLUMN

プロパティの値[auto]について

ボックスの幅を指定する[width]プロパティ、高さを指定する[height]プロパティで値を何も指定しない場合、[auto]が指定されます。[auto]が指定されると、幅、高さは自動で算出されます。
ここで設定したメインコンテンツ領域のレイアウトでは、ボックスの高さは固定なので、[height]プロパティは「645px」に指定しました。たとえば、文章量によって、ボックスの高さが変わる場合、固定数値で指定せずに[auto]で指定を行う必要があります。
コンテンツにレイアウトによって、固定数値を設定するか、自動で算出する[auto]を設定するか、変わってくるということを覚えておきましょう。

10-2　CLASSを指定してコンテンツをデザインする

CLASSを指定して
コンテンツをデザインする

メインコンテンツの中には同じようなレイアウト・デザインをした4つのコンテンツが表示されています。この4つを一括で設定できるようにCLASSを作成し、スタイルを設定します。

CLASSを作成する

ここまで作業したレッスンファイルを見ると、メインコンテンツの中身となる4つのコンテンツは、それぞれ「イメージ」、「ボーダー」、「文章」という要素がレイアウトされています。このような場合、CLASSセレクターを使用して、4つのコンテンツを一括でレイアウトデザインします。最初のボックスとなっている<div>タグから対応します。CLASSを作成し、各スタイルを適用させます。次に作成したCLASSを他の<div>タグに適用させれば、一括でスタイルを適用できます。IDはページ内で一回しか使用できない一意的なものです。一方、CLASSはページ内で複数回使用できるという違いがあります。
ひとつの要素に複数のCLASSを付けることができます。その場合は、空白の半角スペースで区切って続けて記述します。
例：<div>タグにクラス[topLink01]とクラス[topLink02]を付ける場合の記述
<div class="topLink01 topLink02">

記事一覧の文書構造

CLASSセレクターを使用して、一括でスタイルを設定する。

```
.topLink          {
    width: 305px;
    height: 290px;
    float: left;
    margin-top: 10px;
    margin-left: 10px;
    margin-bottom: 10px;
    margin-right: 0px;
}
.topLink img      {
    margin-bottom: 10px;
    border: 6px solid #FFFFFF;
}
.topLink p        {
    width: 264px;
    height: 50px;
    padding-top: 14px;
    padding-right: 0px;
    padding-left: 20px;
    padding-bottom: 20px;
    font-size: 12px;
    text-align: center;
    letter-spacing: 0px;
}
.bdrBlue          {
    border-top: 5px solid #68BAD5;
}
.bdrGreen         {
    border-top: 5px solid #B1D554;
}
```

CLASSセレクターを使用し、効率よくコーディングを行う

Lesson 10 CSSデザイン

Step 01 CLASSを指定し、4つのコンテンツをレイアウトする

CLASSセレクターを作成し、メインコンテンツ内の<div>タグをレイアウトします。作成したCLASSは4つの<div>タグに対して、適用させます。

Lesson10 ▶ L10-2 ▶ L10-2-S01 ▶ L10-2-S01.html

1 レッスンファイルを開きます。コードビュー上で<section id="mainContents">タグの下の<div>タグを選択します❶。ライブビューで対象に[エレメントディスプレイ]が表示されるので、[+]をクリックします❷。

2 「Class/ID」の入力部分に「.topLink」と入力し❶、return キーを押すと[ライブプロパティインスペクター]が表示されます❷。[ソースを選択]で「style.css」を選択して❸、CLASSを作成します。

3 コードビューで<div class="topLink">タグを選択し❶、CSSデザイナーで[ソース]の「style.css」を選択します❷。[セレクター]に[.topLink]CLASSセレクターが作成されているのを確認します❸。

4 [.topLink]セレクターを選択し❶、[レイアウト]のプロパティを設定します❷。[width]に「305px」を指定❸、[height]は「290px」に指定❹、[margin]は[margin-right]を「0px」にそれ以外を「10px」と指定❺、[float]を[left]に指定します❻。

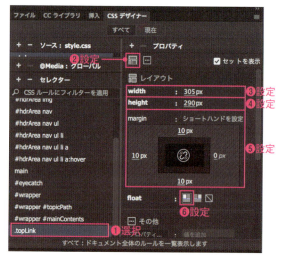

Windowsでは、キーは次のようになります。 ⌘ → Ctrl   option → Alt   return → Enter

10-2 CLASSを指定してコンテンツをデザインする

5 作成した［topLink］CLASSを、ほかの<div>タグにも適用させます。対象となる<div>タグを選択し❶、［エレメントディスプレイ］の［Class］を［topLink］に設定します❷。同様に、残りのふたつの<div>タグにも設定をします。

6 コードビューで「style.css」を見て、CSSデザイナーで作成したスタイルが設定されていることを確認します❶。

Step 02 作成したCLASS配下のタグのスタイルを作成する

作成した［.topLink］CLASSの配下にある画像と文章のスタイルを作成します。サンプルデザインの通りになるよう、<img>タグにはレイアウト調整と白い枠線を設定し、<p>タグにはレイアウトと文字の調整をします。

Lesson10 ▶ L10-2 ▶ L10-2-S02 ▶ L10-2-S02.html

1 レッスンファイルを開きます。コードビュー上で<div class="topLink">タグ配下の<img>タグを選択し❶、CSSデザイナーの［ソース］で「style.css」を選択します❷。［セレクター］の［+］をクリックし❸、［.topLink img］セレクターを作成します❹。

173

Lesson 10 CSSデザイン

2 作成したセレクターを選択し❶、[レイアウト]のプロパティを設定します❷。「margin」の[margin-bottom]を「10px」に指定します❸。[ボーダー]のプロパティを選択し❹、[すべての辺]に設定します❺。[width]でボーダーの幅を「6px」に指定し❻、[style]でボーダーのスタイル[solid]に指定❼、[color]でボーダーのカラーを「#FFFFFF」に指定します❽。

3 コードビュー上で<div class="topLink">タグ配下の<p>タグを選択し❶、CSSデザイナーの[ソース]で「style.css」を選択します❷。[セレクター]の[+]をクリックし❸、新たに[.topLink p]セレクターを作成します❹。

4 作成したセレクターを選択し❶、[レイアウト]のプロパティを設定します❷。[width]を「264px」に指定し❸、[height]を「50px」に指定します❹。[padding]は、[padding-top]を「14px」、[padding-right]は「0px」、[padding-bottom]と[padding-left]は「20px」と指定します❺。[テキスト]のプロパティを設定します❻。[font-size]は「12px」に指定し❼、[text-align]は真ん中寄せ[center]に指定❽、[letter-spacing]は「0px」に指定します❾。

5 コードビューで「style.css」を見て、CSSデザイナーで作成したスタイルが設定されていることを確認します❶。

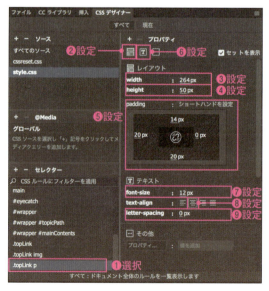

10-2 CLASSを指定してコンテンツをデザインする

Step 03 青のボーダーのCLASSを作成し、適用させる

メインコンテンツ内の青のボーダーを表示するCLASSを作成します。作成したCLASSはサンプルデザインの通りに<p>タグに設定します。

Lesson 10 ▶ L10-2 ▶ L10-2-S03 ▶ L10-2-S03.html

1 レッスンファイルを開きます。コードビュー上で<p>タグを選択します❶。エレメントディスプレイが表示されるので［+］をクリックします❷。

2 「Class/ID」と表示される部分に「.bdrBlue」と入力し❶、returnキーを押します。［ライブプロパティインスペクタ］が表示されるので、［ソースを選択］で「style.css」を選択し❷、CLASSを作成します。

3 コードビューで<p class="bdrBlue">タグを選択し❶、CSSデザイナーの［ソース］で「style.css」を選択します❷。［セレクター］で［.bdrBlue］CLASSセレクターが作成されていることを確認します❸。

Lesson 10 CSSデザイン

4 作成したセレクター".bdrBlue"を選択し❶、[ボーダー]のプロパティを設定します❷。[border]で[上]を設定します❸。[width]でボーダーの幅を「5px」に指定し❹、[style]でボーダーのスタイルを「solid」に指定し❺、[color]でボーダーのカラーを「#68BAD5」に指定します❻。

5 作成した[.bdrBlue]を右斜め下の位置する四つ目の<p>タグに設定します❶。最後に「L10-2-S03.html」と「style.css」の内容を確認します。

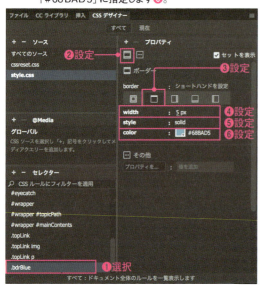

Step 04　緑のボーダーのCLASSを作成し、適用させる

メインコンテンツ内の緑のボーダーを表示するCLASSを作成します。作成したCLASSはサンプルデザインの通りに<p>タグに設定します。

Lesson10 ▶ L10-2 ▶ L10-2-S04 ▶ L10-2-S04.html

1 レッスンファイルを開きます。コードビュー上で<p>タグを選択します❶。エレメントディスプレイが表示されるので、[+]をクリックします❷。

2 「Class/ID」と表示されるところに「.bdrGreen」と入力し❶、returnキーを押します。ライブプロパティが表示されるので、[ソースを選択]で[style.css]を選択し❷、CLASSを作成します。

176　Windowsでは、キーは次のようになります。　⌘ → Ctrl　　option → Alt　　return → Enter

10-2　CLASSを指定してコンテンツをデザインする

3　コードビューで<p class="bdrGreen">タグを選択し❶、CSSデザイナーの[ソース]で「style.css」を選択します❷。[セレクター]に[.bdrGreen] CLASSセレクターが作成されていることを確認します❸。

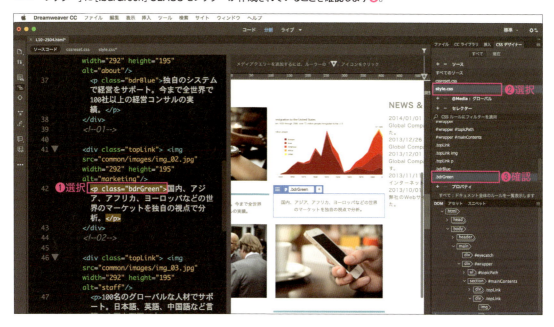

4　セレクター[.bdrGreen]を選択し❶、[ボーダー]のプロパティを設定します❷。[border]では[上]を選択します❸。「width」でボーダーの幅を「5px」に指定し❹、「style」でボーダーのスタイルを[solid]に指定し❺、[color]でボーダーのカラーを「#B1D554」に指定します❻。

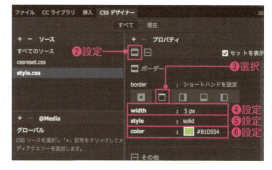

5　作成した[.bdrGreen]を、左斜め下の位置する3つ目の<p>タグに設定します❶。最後に「L10-2-S04.html」と「style.css」の内容を確認します。

Lesson 10　CSSデザイン

サイドコンテンツ領域のデザイン

「ニュース&トピックス」を表示するサイドコンテンツ領域をCSSでデザインします。サイドコンテンツはメインコンテンツの右に配置します。ニュースの個数で高さを変えるよう高さは可変で設定します。

<dl>タグを使い、ニュースエリアを作る

サイドコンテンツとして表示する「NEWS & TOPIX」の内容は<dl>タグを使用しています。<dl>タグは定義・説明リストという意味で、<dt>タグと<dd>タグを内包し、使用します。<dt>タグは定義する用語を記述し、<dd>タグにその用語の説明文を記述します。

<dl>タグに囲まれた<dt>タグ、<dd>タグは1セットとして使用します。また<dl>タグ内に<dt>タグ、<dd>タグは複数回使用できます。用語の説明以外にも、お知らせ、ニュースといったコンテンツでもよく使われます。

<dt><dd>タグの入れ子について

<dt>タグは内部にインライン要素だけを含むことができます。<dd>タグはインライン要素だけでなくブロック要素も含むことができます。

「用語（定義）の説明文」を表現するdd要素は内部にインライン要素とブロック要素を含むことができるので汎用性が高い。

<dt><dd>タグの使い方について

下図では作例サイト「NEWS & TOPICS」の実際のタグを表示しています。お知らせ、ニュースといったコンテンツは、「日付」と「タイトル」のみ表示させ、タイトルをクリックしたら、詳細ページへ移動するという流れが一般的です。また1件だけではなく、複数件表示させます。そのような時、<dl>タグで全体を囲み、「日付」は<dt>タグ、タイトルは<dd>タグで囲むとわかりやすく、シンプルなコーディングになります。

ニュースエリアの文書構造

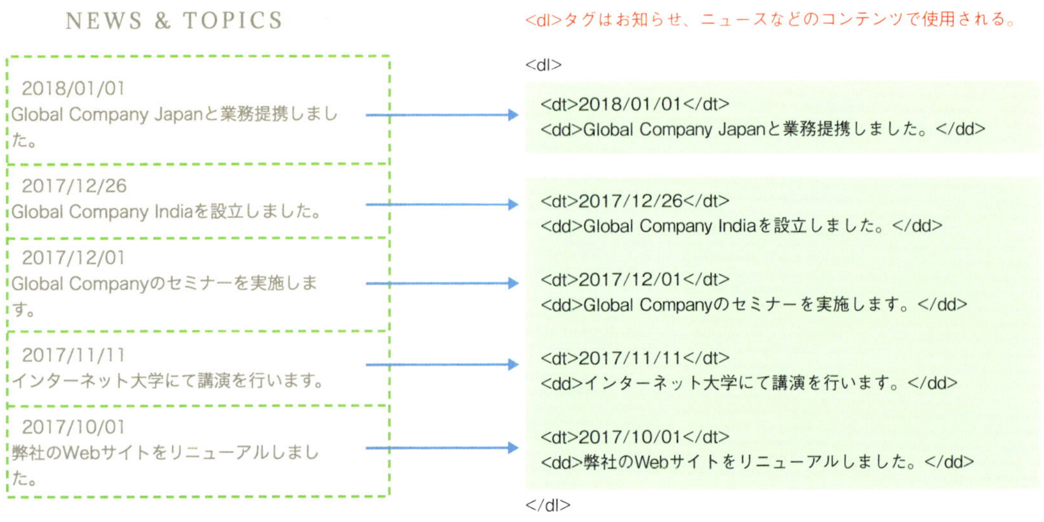

NEWS & TOPICS

- 2018/01/01
  Global Company Japanと業務提携しました。
- 2017/12/26
  Global Company Indiaを設立しました。
- 2017/12/01
  Global Companyのセミナーを実施します。
- 2017/11/11
  インターネット大学にて講演を行います。
- 2017/10/01
  弊社のWebサイトをリニューアルしました。

<dl>タグはお知らせ、ニュースなどのコンテンツで使用される。

```
<dl>
    <dt>2018/01/01</dt>
    <dd>Global Company Japanと業務提携しました。</dd>

    <dt>2017/12/26</dt>
    <dd>Global Company Indiaを設立しました。</dd>

    <dt>2017/12/01</dt>
    <dd>Global Companyのセミナーを実施します。</dd>

    <dt>2017/11/11</dt>
    <dd>インターネット大学にて講演を行います。</dd>

    <dt>2017/10/01</dt>
    <dd>弊社のWebサイトをリニューアルしました。</dd>
</dl>
```

サイドコンテンツの「NEWS & TOPICS」は<dl>タグ、<dt>タグ、<dd>タグで組まれている

10-3 サイドコンテンツ領域のデザイン

Step 01 <section>タグのスタイルの作成

Before → After

サイドコンテンツとなる領域を設定します。ID属性値wrapper領域内には左にメインコンテンツ、右にサイドコンテンツを配置します。

Lesson 10 ▶ L10-3 ▶ L10-3-S01 ▶ L10-3-S01.html

1. レッスンファイルを開きます。コードビュー上で<section>タグを選択します❶。プロパティインスペクタに表示される[Section ID]に「sideContents」と入力すると❷、<section id="sideContents">が設定されます❸。

2. コードビューで設定した<section>タグを選択し❶、CSSデザイナーのstyle.css[ソース]を選択します❷。[セレクター]の[+]をクリックし❸、[#wrapper #sideContents] IDセレクターを作成します❹。

3. 作成したセレクターを選択し❶、[レイアウト]のプロパティを設定します❷。[width]に「252px」を指定し❸、[height]は[auto]に指定します❹。[margin]の[margin-left]を「15px」に指定します❺。[float]は[left]に設定します❻。

4. コードビューで「style.css」を見て、CSSデザイナーで作成したスタイルが設定されていることを確認します❶。

Lesson 10　CSSデザイン

Step 02　<h2>タグのスタイルの作成

サイドコンテンツのタイトル「NEWS & TOPICS」のスタイルを作成します。<h2>タグに対して、レイアウトとテキストのスタイルを設定します。

Lesson10 ▶ L10-3 ▶ L10-3-S02 ▶ L10-3-S02.html

1 レッスンファイルを開きます。コードビュー上で<section id="sideContents">タグの下にある<h2>タグを選択します❶。CSSデザイナーの[ソース]で「style.css」を選択します❷。[セレクター]の[+]をクリックし❸、新たに[#wrapper #sideContents h2]セレクターを作成します❹。

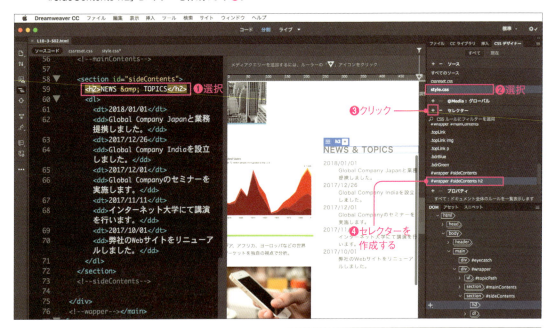

2 作成したセレクターを選択し❶、[レイアウト]のプロパティを設定します❷。[width]に「252px」を指定し❸、[height]は「32px」に指定します❹。次に、[テキスト]のプロパティを設定します❺。[font-size]を「15px」に設定し❻、[text-align]を[center]に設定し❼、[letter-spacing]を「3px」に指定します❽。最後に[ボーダー]のプロパティを設定します❾。[border]は[下]を選択し❿、[width]でボーダーの幅を「1px」⓫、[style]でボーダーのスタイルを「solid」⓬、[color]でボーダーのカラーを「#DDDCDC」に指定します⓭。

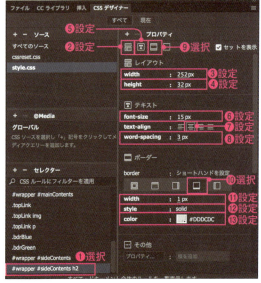

Windowsでは、キーは次のようになります。　⌘ → Ctrl　　option → Alt　　return → Enter

10-3 サイドコンテンツ領域のデザイン

3 コードビューで「style.css」を見て、CSSデザイナーで作成したスタイルが設定されていることを確認します❶。

Step 03　<dl>タグ、<dt>タグ、<dd>タグのスタイルの作成

ニュースエリアを作成します。ニュースは複数設定する想定として、高さはautoで設定します。<dl>タグはニュース全体を囲み、<dt>タグは日付、<dd>タグはニュースのタイトルを設定します。

Lesson 10 ▶ L10-3 ▶ L10-3-S03 ▶ L10-3-S03.html

1 レッスンファイルを開きます。コードビュー上で<h2>タグの下にある<dl>タグを選択し❶、CSSデザイナーの［ソース］で「style.css」を選択します❷。［セレクター］の［+］をクリックし❸、［#wrapper #sideContents dl］セレクターを作成します❹。

2 作成したセレクターを選択し❶、［レイアウト］のプロパティを設定します❷。［width］に「252px」を指定し❸、「height」は［auto］に指定します❹。「margin」の［margin-top］を「18px」に指定します❺。［テキスト］のプロパティを選択し❻、「letter-spacing」を「0px」に指定します❼。

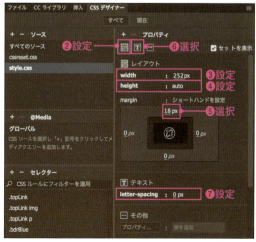

Lesson 10　CSSデザイン

3　コードビュー上で<dt>タグを選択します❶。CSSデザイナーの[セレクター]で[+]をクリックして❷、新たに[#side Contents dl dt]セレクターを作成します❸。作成したセレクターを選択して、[レイアウト]のプロパティを設定し❹、「padding」の[padding-left]を「8px」に設定します❺。

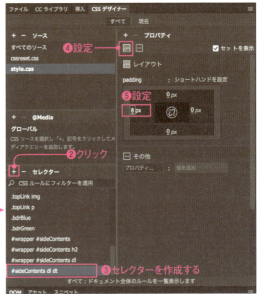

4　コードビュー上で<dd>タグを選択し❶、[セレクター]の[+]をクリックして❷、新たに[#sideContents dl dd]セレクターを作成します❸。作成したセレクターを選択し、[レイアウト]のプロパティを設定します❹。[margin]の[margin-left]を「0px」に設定して❺、[padding]の[padding-bottom]を「15px」に設定します❻。

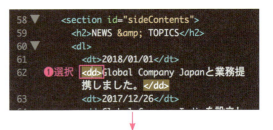

5　コードビューで「style.css」を見て、CSSデザイナーで作成したスタイルが設定されていることを確認します❶。

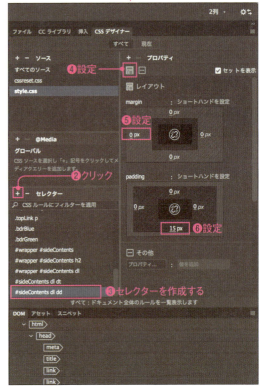

182　　Windowsでは、キーは次のようになります。　⌘ → Ctrl　　option → Alt　　return → Enter

10-4　レイアウト崩れの確認と修正

レイアウト崩れの確認と修正

前のステップではヘッダーとメインコンテンツのレイアウト・デザインを設定しました。ひとつひとつスタイルを作成しましたが、よく見るとレイアウトが崩れている個所があります。このステップではレイアウト崩れを確認し、修正をしていきます。

Dreamweaverのライブビューで確認

画面が狭い普通のノートパソコンなどで、Webサイトを制作する場合、分割ビューではWebページ全体が表示できないので、レイアウトが崩れているのか、なかなか確認できません。

このような場合、「デザインビュー」や「ライブビュー」に切り替えるとブラウザーの表示に近い形で表示されるので、大方のレイアウトは確認できます。

特に「ライブビュー」では、Googleの[Chrome]と同じレンダリング機能を持っているので、Javascrptなどの動的な動きなどもブラウザーと同じ状況の画面が表示されます。

まず[ドキュメントツールバー]の[ライブ]をクリックし❶、ライブビューの状態にします。ライブビューの状態にするとGoogleの「Chrome」と同じレンダリング機能を持った状態、つまりブラウザーと同じ状況で確認が可能です。

ただし、ブラウザー固有の詳細な問題までは確認できませんので、実際にブラウザーでも表示確認をしましょう。

ステータスバーの[リアルタイムプレビュー]でブラウザーを立ち上げると、<footer>タグのcopyrightがサイドコンテンツの右移動しているのが確認できます。

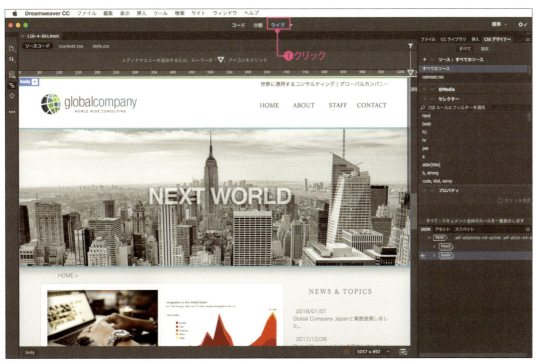

レイアウトを確認するため、ライブビュー状態にする

Lesson 10 CSSデザイン

インスペクトモード

［表示］メニュー→［インスペクト］を選択して❶、「インスペクトモード」にします（チェックが入る）。インスペクトモードになると、ライブビューが有効になります。
インスペクトモードがオンの場合、ライブビュー上で要素にマウスを合わせると「タグ名」とボックスのサイズ（幅、高さ）が表示されます❷。CSSデザイナーとも連動していて、マウスで選択している要素に適用されているスタイルが表示されます。
レイアウト崩れなど起きた際に使える機能なので、覚えておきましょう。

インスペクトモードをオンにするとライブビュー上で選択したボックスのサイズが表示される

レイアウト崩れの問題を見付ける

レイアウトが崩れているコンテンツ領域を見てきましょう。コンテンツ領域全体を囲んでいる［main］タグセレクター、［#wrapper］IDセレクターが適用されていないので、コンテンツ領域の背景も白になっています。またページ下部の［footer］がサイドコンテンツの横に表示されています。
次にCSSデザイナーから［main］と［#wrapper］で設定したプロパティを確認します。［ソース］の「style.css」を選択し、セレクター－［main］を選択します。［main］では［height］プロパティを［auto］で設定し、［background-color］をグレー「#F7F7F7」で設定していますが、背景は白のままになっています。同じように［#wrapper］セレクターを確認します。

184 Windowsでは、キーは次のようになります。 ⌘ → Ctrl　option → Alt　return → Enter

CSSデザイナー上でセレクターを選択すると対象のボックスがデザインビュー上で表示されるはずですが、[main]、[#wrapper]セレクターでは正しく表示されません。[main]と[#wrapper]では[height]プロパティは[auto]と設定されています。通常、[height]プロパティで[auto]を設定すると自動で高さを算出するはずですが、高さが自動で算出されていないのが、原因とわかります。

<section id="mainContens">を確認する

[セレクター]の[wrapper #mainContens]を選択し、どのようにボックスが適用されているか確認します。
確認するとサイズが「640px×645px」と表示され、中の4つのコンテンツを囲い、正しく表示されています。「style.css」を見ると[height]には「645px」と指定しています。今回のレイアウト崩れの問題は、まとめると[section #mainContens]のボックスが[main]と[#wrapper]を突き抜けて表示されてしまっているということです。つまり、[main]と[#wrapper]の高さの指定に問題があるのです。

floatされた要素の高さは0になる

CSSでは［float］によって配置された要素の高さは、親要素に反映されない仕様になっています。そのため、今回のレイアウト崩れは発生しました。対策は以下の、ふたつの手段があります。

❶「:after」疑似クラスを使い、疑似的に要素を配置し、［clear］で［loat］を解除する方法。このテクニックを「clearfix」といいます。今回はこちらの方法を使用します。疑似クラス「:after」は要素の直後にプロパティを追加することができます。この「:after」を利用し、以下のプロパティを指定します。

・「content」で" "と半角スペースを指定。
・「display」で"block"と指定。
・「clear」で"both"と指定し、floatの解除をする。

❷高さを算出し、「height」に固定の数値を指定します。単純に子要素の高さを算出して数値を入れます。ただし、子要素の高さが文章量によって変わるような場合、高さを固定している分、逆に崩れて見えてしまうことがあるため、❶の方法がよく使われています。

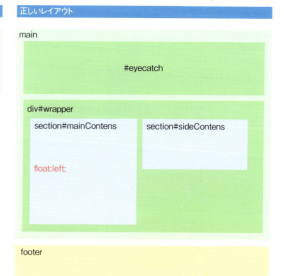

floatによるレイアウト崩れ対策

10-4 レイアウト崩れの確認と修正

Step 01 レイアウト崩れの対応をする

[#wrapper]に対して、「:after」疑似クラスを使い、疑似的に要素を配置し、[clear]でfloatを解除する方法「clearfix」を設定します。

Lesson 10 ▶ L10-4 ▶ L10-4-S01 ▶ L10-4-S01.html

1 レッスンファイルを開きます。、CSSデザイナーの[ソース]で「style.css」を選択します❶。[セレクター]の[+]をクリックし❷、[#wrapper:after] IDセレクターを作成します。ここで「#wrapper:」と入力すると擬似クラスのコードヒントが表示されるので、[:after]を選択します❸。

2 作成したセレクター[#wrapper:after]を選択し❶、[レイアウト]のプロパティを設定します❷。[display]に[block]を設定して❸、[clear]に[both]を設定します❹。[その他]のプロパティを設定します❺。[プロパティを追加]に「con」と入力するとコードヒントが表示されるので[content]を選択します❻。その値には「""」(初期値)と設定します。これで「clearfix」の設定完了です。

 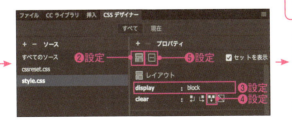

3 コードビューで確認します。「style.css」の一番下に[#wrapper:after]がは記述されています。このままでもいいですが、見てわかりやすいように[#wrapper]の下に移動します❶。

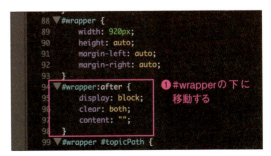

Lesson 10　CSSデザイン

Exercise──練習問題

 Lesson10 ▶ L10Exercise ▶ L10EX ▶ index.html

レッスンファイルを開き、フッターのレイアウト・デザインを行い、
トップページを完成させます。
フッターとはページ下部のエリアになります。
フッターは横幅いっぱいに表示し、真ん中にロゴ画像をレイアウトし、
下にはコピーライトを表示させます。CSSは「style.css」へ追記します。

Before

After

●01 レッスンファイルを開きます。コードビューで<footer>タグを選択して、CSSデザイナーで「style.css」を選択します。[セレクター]の[+]をクリックして新たに[body footer]セレクターを作成します。作成した[body footer]セレクターを選択します。

●02 [レイアウト]のプロパティで、[width]は「100%」、[height]は「246px」に設定します。

●03 [ボーダー]のプロパティで、[border]の[上]を選択し、[width]を「5px」、[style]を[solid]、「color」を「#B1D554」に設定します。

●04 [背景]のプロパティで、[background-color]を「#68BAD5」に設定します。

●05 次はコードビューで、<footer>タグの中にある<div>タグを選択し、プロパティインスペクタ[Div ID]に「ftrLogo」と入力します。設定した<div>タグを選択し、[#ftrLogo]セレクターを作成します（ソースを「style.css」に）。

●06 CSSデザイナーで[#ftrLogo]セレクターを選択します。[レイアウト]プロパティで、[width]を[191px]、[height]を[216px]、[margin-left]を[auto]、[margin-right]を[auto]に設定します。

●07 <div id="ftrLogo">の中にある<img>タグを選択して、05と同様に[#ftrLogo img]セレクターを作成します。[レイアウト]のプロパティで、[padding-top]を「40px」に設定します。

●08 <small>タグを選択して、01と同様に[footer small]セレクターを作成し、選択します。[レイアウト]のプロパティで、[width]を[100%]、[height]を[30px]、[dispaly]を[block]に設定します。[ボーダー]のプロパティで、[border]の[上]を選択し、[width]を[1px]、[style]を[solid]、[color]を[#3E6F7F]を設定します。[背景]のプロパティで、「backgraund-color」を「#4A869A」に設定します。[テキスト]のプロパティで、[color]を[#FFFFFF]、[font-size]を[9px]、[line-height]を[3em]、[text-align]を[center]に設定します。

●09 「style.css」を保存して、「index.html」をブラウザーで開いて確認します。

CSSデザインの
バリエーション

An easy-to-understand guide to Dreamweaver

Lesson

11

Lesson09と10で作成したサンプルサイトに対してCSS3を加えることで、よりリッチなWebサイトにしていきます。CSS3から追加されたグラデーション、ボックスシャドウ、テキストシャドウ、角丸、アニメーションなどを学び、実際に使用していきます。さらに、デザインのバリエーションとして、カラーを変更して、違ったイメージのサイトも作成していきます。

11-1 CSS3について

CSS3を使うことでよりデザイン要素が高く、魅力的で動きのあるWebサイトが作成できます。まずはどのような機能が追加されたか、見てみましょう。

CSS3とは？

「Cascading Style Sheets」(CSS) 言語の最新のバージョンです。CSS3ではこれまで表現できなかったグラデーション、ドロップシャドウ、アニメーションなどの機能を使用することが可能になりました。
もちろん、これまでのCSS2.1のプロパティなどはすべて使用可能で、CSS2.1からCSS3に移行をする場合は、今あるCSSソースに追記をしていけば、OKです。

主要ブラウザーの「Chrome」、「Firefox」、「Safari」、「Internet Explorer (IE9より)」も早くから対応が進められ、現在の各社の最新ブラウザーではCSS3を使ったサイトはほぼ問題なく表示が可能です。
ただし、対応ブラウザーのバージョンによっては、ベンダープレフィックスを付ける必要があります (P.196のCOLUMN参照)。

CSS3で追加になった主な機能

box-shadow (ボックスシャドウ)

新たに追加された「boxshadow」プロパティでは、今までは画像でしか表現できなかったボックスに対してのシャドウを簡単に表現できるようになりました。
単一のシャドウだけでなく複数シャドウを適用することができます。

text-shadow (テキストシャドウ)

新たに追加された「textshadow」プロパティでは、文字にシャドウを付けることができるようになりました。
「左右の移動距離」「上下の移動距離」「ぼかす強さ」「色」を指定することができます。そのため、シャドウにより、3D（立体）、ブラー（ぼかし）、発光など様々な表現が可能です。

ボックスシャドウとテキストシャドウ

box-shadow (ボックスシャドウ) 実装例

text-shadow (テキストシャドウ) 実装例

ボックスとテキストのシャドウを設定する。「ボックスシャドウ」はボックスに対して、「テキストシャドウ」は文字に対して影を付ける機能

Webフォント

今までのフォントはローカルにあるフォントのみの指定しかできませんでしたが、Webフォントを使うことで、サーバー上にある無数のデザインされたフォントが使用できるようになりました。Webフォントを使用することで画像がテキストに置き換えられ、SEOに有効になるといった点が挙げられます。デメリットとしては、フォントファイルの読み込み時間が必要、日本語フォントは欧文フォントに比べると種類が少なく文字数が多いため表示に時間がかかる点が挙げられます。

Dreamweaverでは、[ツール]メニュー → [フォント管理]のダイアログボックスから[Adobe Edge Web Fonts]のさまざまなデザインのWebフォントを指定できます。また、Creative Cloudの[Adobe Typekit]では、日本語Webフォントもあり、[モリサワ]のフォントの一部が扱えます。

WebフォントはAdobe社の「Edge Web Fonts」を使用する

グラデーション(linear-gradient関数)

背景は単色のベタ塗りしか表現できませんでしたが、CSS3からはグラデーションが追加され、表現の幅があがりました。グラデーションは「グラディーションライン」(gradient line)と呼ばれる軸によって定義され、複数の色を指定可能です。

開始位置、角度、色、透明度を指定することで、さまざまなグラデーションを表現することができます。

Dreamweaverでは、[CSS デザイナーパネル]の[グラデーション]プロパティ からを指定します。[linear-gradient]は線形のグラデーション、[radial-gradient]は円形のグラデーションを表現することができます。

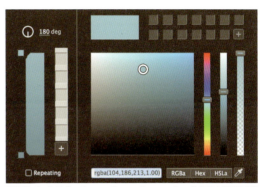
グラデーションは「background-image:liner-gradient () 関数」を使用する

角丸(border-radius)

角丸とは、ボックスの四角を丸くすることです。今までは画像を駆使して表現してきましたが、CSS3からは好きな丸さで簡単に角丸の表現が可能になりました。

Dreamweaverでは、[CSS デザイナーパネル]の[ボーダー]プロパティ の[border-radius]から左上の半径、右上の半径、右下の半径、左下の半径、それぞれを指定します。

角丸の数値を変えることで丸の表現、吹き出し、囲い枠もできます。

角丸は「border-radius」プロパティを使用する

透過（Opacity）

透過とは画像、背景、テキストなど透かせることをいいます。CSS3から明度を指定できるようになりました。透明度は「0」〜「1」の間で指定することができます。
Dreamweaverでは、[CSS デザイナーパネル]の[その他]から[Opacity]プロパティを追加しましょう。

透過は「opacity」プロパティを使用する

アニメーション（animation、transition）

たとえばボタンにマウスをのせると、ゆっくりと色が変化するような動的な動きは、今まではJavascriptなどを使い実装しましたが、CSS3から追加された[animation]や[transtion]を使えば、簡単に作成ができます。
animationはループ再生、自動再生、キーフレームアニメーションを適用し細かい動きの指定ができます。
transitionはループ再生、自動再生はできませんが、アクションに対して動きを付けることができます。
アイディア次第でいろいろなアニメーションが作成でき、楽しく便利性があるコンテンツが作成できます。
Dreamweaverでは、エレメントを選択してから[ウインドウ]→[CSSトランジション]を選択し[+]をクリックし指定します。

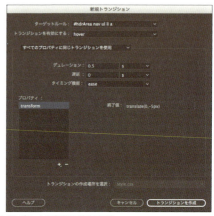

CSSトランジションで簡単に設定できる

メディアクエリー（Media Queries）

メディアクエリはスクリーンサイズを指定することで、以下のようにCSSを選択して適用します。

・画面の横幅が大きければパソコン用のCSS
・画面の横幅が中くらいならタブレット用のCSS
・画面の横幅が小さければスマートフォン用のCSS

このように、表示するデバイスの幅によって、適したCSSをそれぞれに適用できます。
このメディアクエリーを応用し、ひとつのサイトをさまざまなデバイス毎にCSSを切り替えて表示することを、「レスポンシブ」といいます。
Dreamweaverでは、[ライブビュー]の[ビジュアルメディアクエリーバー]からメディアクエリーを設定できます。

メディアクエリーはデバイスのサイズ毎に設定する

11-2 ボックスシャドウと角丸の指定

CSS3で追加されたボックスシャドウ、グラデーション、角丸を使用し、よりプロフェッショナルなWebページを作成します。

box-shadowの指定について

[box-shadow]はボックスに対して、シャドウを設定するプロパティです。[背景] プロパティで設定します。水平、垂直のシャドウの長さを指定し、好きなカラーを指定しシャドウを表現します。シャドウは [blur] を指定することで、ぼかし表現も可能です。[inset] を指定しない場合はボックスの外にシャドウが適用され、[inset] を指定するとボックス内のシャドウを表現することができます。

[color]をクリックするとカラーピッカー画面が表示されます。ボックスシャドウの場合、透過を指定できる [RGBa]、[HSLa] が多く使われる傾向にあります。
[spread]でシャドウの広がりを「正」または「負」で指定することで「拡大」「縮小」ができます。

カラーモードを「RGBa」、「HSLa」に指定し、カラーを設定すると透過が表現できる

box-shadowのスタイルを設定するとボックスに影を付けることができる

❶ h-shadow ：水平シャドウの長さ
❷ v-shadow ：垂直シャドウの長さ
❸ blur ：ぼかしの半径
❹ spread ：シャドウの半径
❺ color ：カラーを指定する
❻ inset ：ボックスの内側にシャドウをかける

COLUMN

プロパティのブラウザー対応状況を調べることができるサービス「Can I use」

「Can I use」で、調べたいHTML5要素やCSS3プロパティを検索すると対応一覧が表示されます。
ブラウザー対応状況の確認は、制作をする上で非常に重要です。円滑に作業を進めるためにうまく使いこなしましょう。

角丸の指定

今までのボックスは四角のみでしか表現できませんでしたが、CSS3より「border-radius」が追加され、角丸、丸の表現が可能になりました。「border-radius」の指定は4つ、又は8つからの数値が指定できます。Step02では4つの角を少し丸くするCSSを作成します。4角を均等に指定するため、真ん中のリンクボタンをクリックし、4角のいずれかの値を入力すれば、4角すべてに角丸が設定されます。丸を作成する場合、たとえば、幅、縦が150pxの場合、「border-radius:75px;」と指定すれば、直径150pxの丸が表現できます。

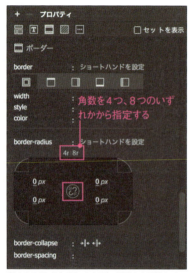

真ん中のリンクをクリックすると、指定した角数すべてが一括変更される

「border-radius」プロパティが設定されたボックス

COLUMN

border-radiusプロパティの様々な使い方

border-radiusプロパティは、要素の四隅の角を丸めるためのCSSプロパティーですが、「border」とついているもののborderプロパティーの指定がなくても背景や画像などの要素に対しても適応でき、角丸はもちろんのこと、さまざまな形に表現が可能です。

ひとつの半径を指定すると円の角になり（図1）、ふたつの半径を指定すると楕円の角になります（図2）。楕円は横の半径が先で後ろに縦の半径を記述します。また、楕円の横の半径と縦の半径をスラッシュ(/)で区切り、左上、右上、右下、左下の順で、左上を基準に時計回りで書くと短縮できます（図3）。

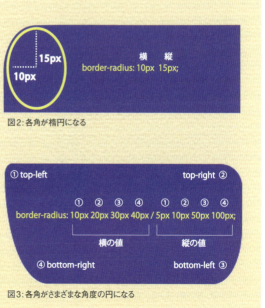

図1：各角が丸くなる

図2：各角が楕円になる

図3：各角がさまざまな角度の円になる

11-2 ボックスシャドウと角丸の指定

Step 01 ボックスシャドウを追加する

アイキャッチ、メインコンテンツ領域、メインコンテンツ内の画像、フッターに対して、ボックスシャドウを設置し、立体感を出します。ボックスシャドウは「box-shadow」プロパティを使用します。

Lesson11 ▶ L11-2 ▶ L11-2-S01 ▶ L11-2-S01.html

1 レッスンファイルを開きます。CSSデザイナーで［セレクター］の［#eyecatch］を選択し❶、［背景］のプロパティを設定します。［box-shadow］の［v-shadow］を「10px」に❷、［blur］を「20px」に❸、［color］を「rgba(103,103,103,0.30)」に設定します❹。

2 次に、セレクター［#wrapper #mainContents］を選択して❶、［背景］のプロパティを設定します。［box-shadow］の［blur］を「3px」に❷、［color］を「rgba(103,103,103,0.30)」に設定します❸。

3 セレクター［.topLink img］を選択し❶、［背景］のプロパティを設定します。［box-shadow］の［blur］を「3px」に設定❷、［color］を「rgba(103,103,103,0.30)」に設定します❸。

4 セレクター［footer］を選択して❶、［背景］のプロパティを設定します。［box-shadow］の［blur］を「20px」に設定し❷、［color］を「rgba(103,103,103,0.60)」に設定します❸。

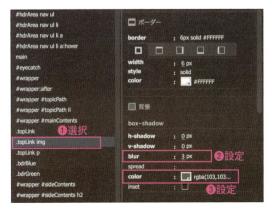

195

Lesson 11　CSSデザインのバリエーション

5　コードビューで「style.css」を見て、CSSデザイナーで作成したスタイルが設定されていることを確認します❶。

```
77     width: 100%;
78     height: auto;
79     background-color: #F7F7F7;
80  }
81
82 ▼#eyecatch {
83     width: 100%;
84     height: 352px;
85     border-top: 4px solid #68BAD5;
86     border-bottom: 4px solid #68BAD5;
87     background-image: url(../../common/images/main_img.jpg);
88     background-position: center center;
89     background-repeat: no-repeat;
90     -webkit-box-shadow: 0px 10px 20px rgba(103,103,0,0.30);
91     box-shadow: 0px 10px 20px rgba(103,103,0,0.30);
92  }
93 ▼#wrapper {
94     width: 920px;
95     height: auto;
```
❶スタイル確認

CHECK! シャドウを4方向すべてに設定する

「h-shadow」「v-shadow」を指定せず、シャドウの半径「blur」のみ指定する場合、シャドウは4方向すべてに反映されます。

COLUMN
ベンダープレフィックスについて

ベンダープレフィックスとは各ブラウザーが草案段階でCSS3の仕様を先行実装する際に、「これはXXブラウザーの拡張機能」と明示するためにつけていた接頭辞のひとつです。CSS3が正式に勧告され、ベンダープレフィックスを必要とする「試験的な実装」からベンダープレフィックスを必要としない「正式実装」に切り替わりました。そのため、ブラウザーのバージョンが上がることでベンダープレフィックスをつけなくてもよいプロパティが増えました。しかし、バージョンアップされていないInternet ExplorerやiOS 8.0 以下や、Android 4.4.x系向けなどはプロパティによってはベンダープレフィックスが必要となります。

＜主要ブラウザーのベンダープレフィックス＞
-moz-　……　Firefox
-webkit-　……　Google Chrome、Safari
-ms-　……　Internet Explorer
-o-　……　Opera

※OperaはHTMLレンダリングエンジンを「Blink」（Googleなどが開発するHTMLレンダリングエンジン）にしたため、ベンダープレフィックス [-o-] は必要なくなりました（「-webkit-」の記述に対応しています）。
※Microsoft Edgeは「-webkit-」の記述に対応しています。

ブラウザーのバージョンによってはベンダープレフィックスを付けないと効かないものもまだありますので、ベンダープレフィックスなしと「-moz-」「-webkit-」「-ms-」の指定を併記しておきましょう。たとえば、Dreamweaverで［CSS デザイナーパネル］を使用して、背景にグラデーションを指定すると自動的にベンダープレフィックスなしと「-moz-」「-webkit-」「-o-」生成されます。「-o-」は必要なくなりましたので「-o-」を「-ms-」に変えて併記しておくのがよいでしょう。

```
background-image: -webkit-linear-gradient(270deg,rgba(255,255,255,1.00)
0%,rgba(255,0,0,1.00) 100%);
background-image: -moz-linear-gradient(270deg,rgba(255,255,255,1.00)
0%,rgba(255,0,0,1.00) 100%);
background-image: -ms-linear-gradient(270deg,rgba(255,255,255,1.00)
0%,rgba(255,0,0,1.00) 100%);
background-image: linear-gradient(180deg,rgba(255,255,255,1.00)
0%,rgba(255,0,0,1.00) 100%);
```

Step 02 角丸の指定

メインコンテンツ領域のボックスを角丸にします。ボックスを角丸にするには、[border-radius] プロパティを指定します。

Lesson11 ▶ L11-2 ▶ L11-2-S02 ▶ L11-2-S02.html

1 レッスンファイルを開きます。セレクター [#wrapper #mainContents] を選択し❶、[ボーダー] のプロパティを設定します❷。

2 [border-radius] プロパティで、4角の指定になっているか確認し❶、すべての4角を均等に指定するため、真ん中のリンクボタンをクリックして鎖がつながった状態にします❷。4角のいずれかに「6px」と設定すると、4角すべてに「6px」が反映されます❸。

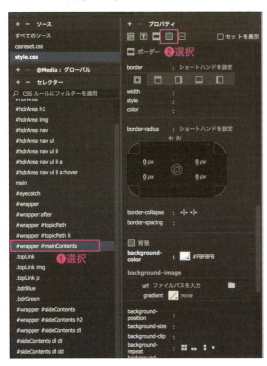

3 コードビューで「style.css」を見て、CSSデザイナーで作成したスタイルが設定されていることを確認します❶。

CHECK！ それぞれの角ごとに角丸を指定する

Step02では4角すべてを「6px」の角丸を指定しましたが、[border-radius] プロパティはそれぞれの角ごとに指定が可能です。

左上：border-top-left-radius: 6px;
右上：border-top-left-radius: 6px;
左下：border-bottom-left-radius: 6px;
右下：border-bottom-right-radius: 6px;

4つすべての角を指定する場合は以下のようにシンプルに指定されます。
4角：border-radius: 6px;

Lesson 11 CSSデザインのバリエーション

11-3 グラデーションと透過を指定する

以前のCSSでは背景は単色のベタ塗りしか表現できませんでしたが、CSSではグラデーション、透過を表現できるようになりました。

Step 01 背景にグラデーションを適用する

コンテンツ領域全体とフッターにグラデーションのスタイルを適用させます。グラデーションは「background-image:linear-gradient()関数」を使用します。

 Lesson11 ▶ L11-3 ▶ L11-3-S01 ▶ L11-3-S01.html

1 レッスンファイルを開きます。CSSデザイナーでセレクター[main]を選択し❶、[背景]のプロパティを設定します。[background-image]の「gradient」をクリックします❷。

2 グラデーションのカラーピッカーが表示されるので、上のカラーを選択して❶、「rgba(251,244,235,1.00)」と設定します❷、下のカラーを選択して❸、「rgba(245,245,245,1.00)」と設定します❹。グレーの微妙な濃淡を指定することで、マットな質感になります。

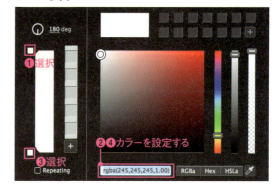

3 同様にフッターのグラデーションを指定します。セレクター[footer]を選択し、[背景]のプロパティを設定します。[background-image]の「gradient」をクリックします。グラデーションのカラーピッカーが表示されるので、前手順と同様に、上のカラーを選択して❶、「rgba(104,186,213,1.00)」に設定し❷、下のカラーを選択して❸、「rgba(47,140,171,1.00)」と設定します❹。

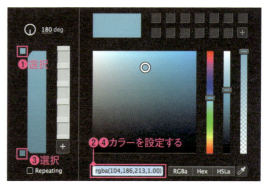

198 Windowsでは、キーは次のようになります。 ⌘ → Ctrl　option → Alt　return → Enter

11-3 グラデーションと透過を指定する

4 コードビューで「style.css」を見て、CSSデザイナーで作成したスタイルが設定されていることを確認します❶。

COLUMN

グラデーションの角度

カラーピッカーの左上にグラデーションの角度を指定できる個所があります。初期設定では"180deg"となっていて、上から下にグラデーションがかかるように設定されています。右から左にグラデーションをかけたい場合は、"90deg"と設定します。

Step 02 画像に透明度を指定する

フッターのロゴ画像、コピーライトに対して、透過を適用させます。透過は「opacity」プロパティを使用します。

Lesson11 ▶ L11-3 ▶ L11-3-S01 ▶ L11-3-S01.html

1 レッスンファイルを開きます。CSSデザイナーでセレクター[#ftrLogo img]を選択し❶、[レイアウト]のプロパティを設定します。[opacity]を「0.5」と設定します❷。

Lesson 11 CSSデザインのバリエーション

2 同様にセレクター[footer small]を選択し❶、[レイアウト]のプロパティを設定します。[opacity]を「0.7」と指定します❷。

3 コードビューで「style.css」を見て、CSSデザイナーで作成したスタイルが設定されていることを確認します❶。

> **CHECK！** 「opacity」の初期設定は「1」
>
> 透過は「1」を基準としてします。「1」は透明度なし、「0.5」の場合は半分ほど透明になるという設定になります。

COLUMN

[RGBa]と[hsla]で透過を表現

[opacity]プロパティを使用すると対象のボックスすべてに対して、透過の指定が適用されます。背景、ボーダー、テキストのみを透過を表現する場合は、[RGBa]と[hsla]のカラーモードを使用し、表現します。

[RGBa]とは「赤」(Red)、「緑」(Green)、「青」(Blue)の3つの数値でカラーを指定し、「透明」(alpha)で透明度を指定するカラーモードです。

対して[hsla]とは「色相」(hue)、「彩度」(saturation)、「明度」(luminousity)の3つを指定し、「透明」(alpha)で透明度を指定するカラーモードです。

[RGBa]、[hsla]共に最後の「透明」(alpha)の値を指定することで、透過の表現が可能になります。

背景、ボーダー、テキストのカラーを透過する時に「RGBa」と「hsla」のカラーモードを指定する

11-4　文字をより魅力的にデザインする

11-4 文字をより魅力的にデザインする

Webフォントを利用し、英語で表示されている「ナビゲーション」、「NEWS & TOPICS」のタイトルをより魅力的に変更します。またコンテンツ領域全体のテキストシャドウを付け、文字を立体的に表示させます。

Step 01　Webフォントの指定

「Edge Web Fonts」とはAdobe社が提供している無料のWebフォントライブラリです。ここでは「Adamina」というフォントを選択し「ナビゲーション」、「NEWS & TOPICS」に対して、設定します。

Lesson11 ▶ L11-4 ▶ L11-4-S01 ▶ L11-4-S01.html

1 レッスンファイルを開きます。[ツール]メニュー→[フォントを管理]を選択します❶。[フォントを管理]ダイアログボックスが表示されます。

❶選択

2 [フォントを管理]ダイアログボックスで[Adobe Edge Web Fonts]を選択し❶、左端のリストから[セリフフォントのリスト]をクリックします❷。すると「セリフフォント」のリストが表示されます。「Adamina」というフォントをチェックをつけます❸（任意のフォントでもかまいません）。[完了]ボタンをクリックします❹。

❶選択
❷選択
❸チェックする
❹クリック

CHECK！ Webフォントは複数選ぶことができる

使用するWebフォントが複数ある場合、Webフォントは複数選ぶことができます。使用したい数だけフォントをチェックすれば、OKです。

COLUMN

Edge Web FontsとTypekit

「Adobe Typekit」が提供する「Adobe Edge Web Fontsライブラリ」はTypekitが提供するサービスです。JavaScriptでスクリプトで設定することでWebフォントを利用できます。
TypekitはCreative Cloudが提供するサービスです。Webフォントを利用したいドメインを登録するとコードが提示され、コードをHTMLファイルに埋め込むことで利用できます。

3 ナビゲーションにWebフォントを適用させます。CSSデザイナーでセレクター[#hdrArea nav ul li]を選択し、[テキスト]のプロパティを選択します。[font-family]をクリックすると❶、使用できる[font-family]が表示されます。先の手順で追加したWebフォント[adamina]が表示されているので、それを選択します❷。

4 Webフォント「Adamina」を設定するとWebフォントに付随しているスタイルも同時に設定されます❶。コードビューを見ると、Webフォントを読み込むJavascript「adamina:n4:default.js」のソースが追加されています❷。

5 次にサイドコンテンツのタイトルにWebフォント「Adamina」を適用させます。CSSデザイナーでレクター[#wrapper #sideContents h2]を選択し❶、[テキスト]のプロパティを設定します。先の手順と同様に[font-family]にWebフォント「Adamina」を設定してスタイルを適用します❷。

6 コードビューで「style.css」を見て、CSSデザイナーで作成したスタイルが設定されていることを確認します❶。

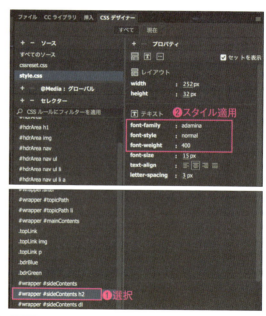

COLUMN

「ローカルWebフォント」と「カスタムフォントスタック」

[フォントを管理]ダイアログボックスでは3つの設定ができます。ローカルWebフォントとはローカルにインストールされているフォントを使うことです。使用する場合はフォントのライセンス確認が必要です。カスタムフォントスタックではDreamweaverが用意している[font-family]をカスタマイズ、または追加ができます。

[フォント管理]ダイアログボックスではローカルWebフォントとカスタムフォントスタックの設定が可能

Step 02 文字に影を付ける

コンテンツ領域全体のテキストシャドウを付け、文字を立体的に表示させます。テキストシャドウは[text-shadow]を使用します。

Lesson11 ▶ L11-4 ▶ L11-4-S02 ▶ L11-4-S02.html

1 レッスンファイルを開きます。CSSデザイナーでセレクター[#wrapper]を選択し❶、[テキスト]のプロパティを設定します。[text-shadow]の[h-shadow]に「0px」❷、[v-shadow]に「1px」❸、[color]に「#FFFFFF」と指定します❹。

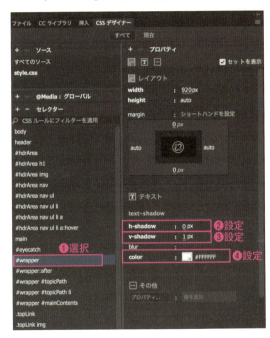

2 「style.css」を保存します。コードビューで「style.css」を見て、CSSデザイナーで作成したスタイルが設定されていることを確認します❶。

3 ブラウザーまたはデザインビューでtext-shadowが適用されたテキストを確認してください。テキストがより立体的となり、見やすくなります。

> **CHECK!** **text-shadowプロパティの設定項目**
>
> [text-shadow]プロパティを使うとテキストに影を付ける表現が可能になります。設定する項目は以下になります。
>
> h-shadow・・・水平シャドウの長さを設定
> v-shadow・・・垂直シャドウの長さを設定
> blur・・・ぼかしの半径を設定
> color・・・影のカラーを設定
>
>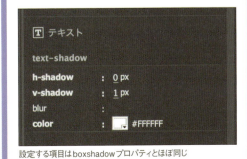
>
> 設定する項目はboxshadowプロパティとほぼ同じ

Lesson 11　CSSデザインのバリエーション

11-5 アニメーション機能を使う

CSSトランジションを使用して、ロールオーバーに簡単なアニメーションを設定します。

CSSトランジションとは

「CSSトランジション」とはCSS3から追加された機能で、[transition]プロパティを使用してCSSのみでアニメーションを表現できる機能です。
Dreamweaverでは[新規トランジション]（または[トランジションを編集]）ダイアログボックスで設定します。[新規トランジション]ダイアログボックスでは、変化するまでの時間を設定し、その間を滑らかに遷移させることができます。
設定する項目は大きく以下の3つに分かれます。

①ターゲットとなるセレクターと疑似クラスを設定します。
②ターゲットが動く時間を設定します。アニメーションにかかる時間、動き出す時間を「秒」(s)、「ミリ秒」(ms)で指定し、動き出すタイミングを指定します。

③アニメーションの動きをプロパティで指定します。プロパティにはどのように動くかという終了値を入力します。なお、プロパティは複数設定可能です。

変化に関するプロパティと一緒に、変形（移動・回転・伸縮・傾斜）に関する[transform]プロパティを使用すると表現の幅が広がります。このふたつのプロパティを使うことでスムーズなアニメーションを表現することができます。
さらに、CLASSセレクターを使用すると、同様のアニメーションをCLASSで複数の要素に指定できるので、効率よくコーディングすることができます。

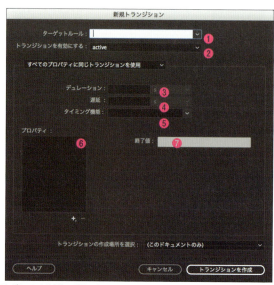

❶セレクターを指定
❷疑似クラスを指定
❸アニメーションにかかる時間
❹アニメーションが動き出す時間
❺動き出すタイミング
❻指定したいプロパティを設定
　プロパティは複数指定可能
❼指定したプロパティの値を設定

CSSトランジションを使用し、動きのあるアニメーションを表現する

Windowsでは、キーは次のようになります。　⌘ → Ctrl　　option → Alt　　return → Enter

11-5　アニメーション機能を使う

Step 01　CSSトランジションを使い、ロールオーバーを設定する

CSSトランジションを使用し、ナビゲーションのロールオーバーをフワッと上に動くように設定します。フワッと動かすには[transform]プロパティを使用します。

Lesson11 ▶ L11-5 ▶ L11-5-S01 ▶ L11-5-S01.html

1 レッスンファイルを開きます。[ウィンドウ]メニュー→[CSSトランジション]を選択すると❶。CSSトランジションパネルが表示されます（何も設定されていない場合は空白で表示）❷。新規トランジションを作成するため、[＋]をクリックします❸。

2 次にターゲットの設定を行います。「ターゲットルール」の[∨]をクリックし、表示リストから[#hdrArea nav ul li a]を設定します❶。同様に[トランジションを有効にする]に[hover]を設定します❷。

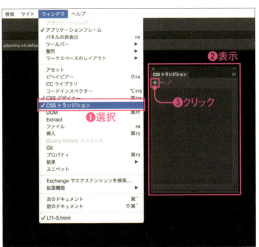

3 次に動作の設定をします。[デュレーション]に「0.5s」と設定❶、[遅延]に「0s」と設定❷、[タイミング機能]に[ease]と設定します❸。

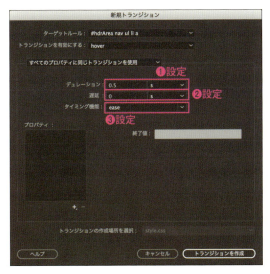

> **CHECK！　transformプロパティの値について**
>
> [transform]プロパティは要素の位置を移動させるプロパティです。使用する場合、「translate()関数」とセットで使用します。Step01で設定した「translate(0,-5px)」のように値をふたつ設定する場合、「translate(X方向の距離，Y方向の距離)」の設定になります。なお、値を3つ設定する場合は、3Dの位置移動が可能になります。

Lesson 11 CSSデザインのバリエーション

4 対象となる［プロパティ］を設定します。セレクター［#hdrArea nav ul li a］に対してはすでに背景色を緑に、文字を白に変更するプロパティが設定されているので、ここでは上に「5px」上がる動きのみを設定します。［+］をクリックし❶、表示リストから［transform］プロパティを選択します❷。［終了値］は「translate(0,-5px)」と設定します❸。［トランジションを作成］をクリックします❹。これでCSSトランジションの設定は終わりです。

5 CSSトランジションパネルにはさきほど作成したトランジションが登録されて表示されています❶。［4インスタンス］をダブルクリックすると❷、［トランジションを編集］ダイアログボックスが表示され、トランジションの編集が可能になります。

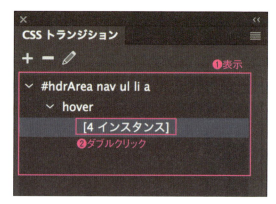

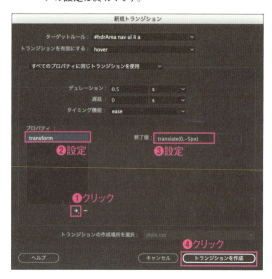

6 「style.css」を保存します。コードビューで「style.css」を見て、作成したトランジションが設定されていることを確認します❶。［transform］プロパティは「style.css」の一番下に挿入されます。

COLUMN

CSSを見やすくするために

セレクタが重複したらなるべくひとつのセレクタに統合しましょう。［編集］メニュー→［コード］→［ソースフォーマットの適用］を選択すれば、HTMLだけでなくCSSも整形することができます。ソースフォーマットの適用をすることで、ソース内の改行・インデントが整うため、可読性が高まります。
「環境設定」の［コードフォーマット］にて、インデントサイズ、タブサイズなどカスタマイズできるので、自分に合った設定にしておくとよいでしょう。

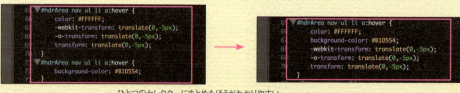

ひとつのセレクターにまとめたほうがわかりやすい

11-6 CSSのカラーを変更する

11-6 CSSのカラーを変更する

CSSでレイアウトデザインすることのメリットは、CSSさえ変更すれば複数のWebページの見た目を一気に変えられることです。CSSを変更して、レイアウトデザインのカスタマイズの練習をしてみましょう。

Step 01 ヘッダーのデザイン変更

ヘッダーのレイアウト・デザインを変更します。ロゴ画像、見出しを非表示にし、メニューのみのシンプルなヘッダーに変更します。

Lesson11 ▶ L11-6 ▶ L11-6-S01 ▶ L11-6-S01.html

1 レッスンファイルを開きます。CSSデザイナーでセレクター[#hdrArea]を選択し❶、[レイアウト]のプロパティを設定します。[height]を「50px」と設定します❷。

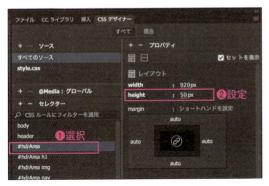

2 セレクター[#hdrArea h1]を選択し❶、[レイアウト]のプロパティを設定します。[display]を[none]と指定します❷。

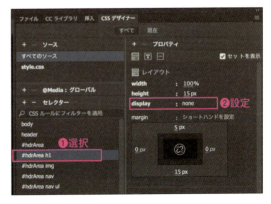

3 セレクター[#hdrArea img]を選択し❶、[レイアウト]のプロパティを設定します。[display]を[none]と設定します❷。

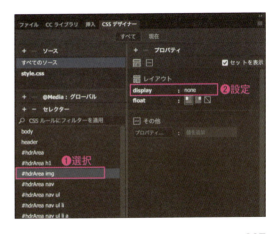

207

4 セレクター[#hdrArea nav]を選択し❶、[レイアウト]のプロパティを設定します。[margin]の[margin-left][margin-right]を[auto]に指定し、[margin-top][margin-bottom]は「0px」に指定します❷。[float]を[無効]にします❸。

5 コードビューで「style.css」を見て、CSSデザイナーで作成したスタイルが設定されていることを確認します❶。

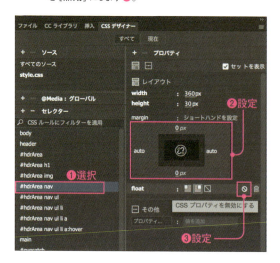

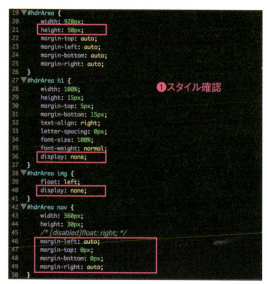

Step 02 メインコンテンツのデザイン変更

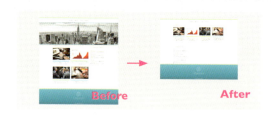

メインコンテンツのレイアウトデザインを大胆に変更します。画像サイズを変更し、4つのコンテンツを横一列に並べて表示させます。

Lesson11 ▶ L11-6 ▶ L11-6-S02 ▶ L11-6-S02.html

1 レッスンファイルを開きます。CSSデザイナーでセレクター[#eyecatch]を選択し❶、[レイアウト]のプロパティを設定します。[display]を[none]に設定します❷。

2 セレクター[#wrapper #mainContents]を選択し❶、[レイアウト]のプロパティを設定します。[width]を「896px」に指定し❷、[height]を「290px」に設定します❸。続けて、[背景]のプロパティを設定します。[background-color]と[box-shadow]を[無効]にします❹。

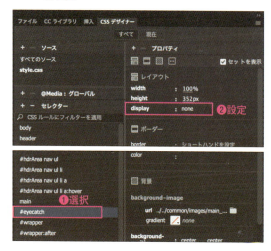

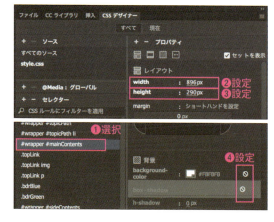

11-6 CSSのカラーを変更する

3 セレクター［.topLink］を選択し❶、［レイアウト］のプロパティを設定します。［width］を「214px」に設定します❷。

4 セレクター［.topLink img］を選択し❶、［レイアウト］のプロパティを設定します。［max-width］を「192px」に❷、［max-height］を「133px」に設定します❸。

5 セレクター［.topLink p］を選択し❶、［レイアウト］のプロパティを設定します❷。［width］を「185px」に設定します❸。

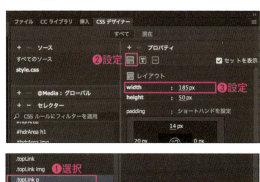

6 コードビューで「style.css」を見て、CSSデザイナーで作成したスタイルが設定されていることを確認します❶。

> **CHECK!** ［max-width］と［max-height］プロパティ
>
> ［max-width］プロパティは要素に対する領域の最大の横幅、［max-height］プロパティは最大の高さを指定します。Step02で対象となった画像は「width：292px」、「height：195px」ですが、［max-width］と［max-height］を指定すれば、劣化させることなく縮小して表示が可能になります。

> **COLUMN**
>
> ［display］プロパティについて
>
> ［display］プロパティは、要素に対する表示形式を指定する際に使用します。［isplay］プロパティを［none］に指定することで、対象のタグをレイアウトに影響することなく、非表示にすることができます。

Lesson 11 CSSデザインのバリエーション

Step 03 サイドコンテンツのデザイン変更

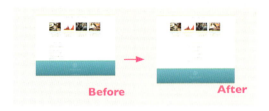

サイドコンテンツのレイアウト・デザインを変更します。「NEWS & TOPICS」を真ん中に表示させ、余白を調整します。

Lesson11 ▶ L11-6 ▶ L11-6-S03 ▶ L11-6-S03.html

1 レッスンファイルを開きます。セレクター[#wrapper #sideContents]を選択し❶、[レイアウト]のプロパティを設定します。[width]を「896px」に❷、[margin]の[margin-bottom]を「100px」に指定します❸。

2 セレクター[#wrapper #sideContents h2]を選択し❶、[レイアウト]のプロパティを設定します。[width]を「100%」に設定します❷。[ボーダー]のプロパティを設定します。[border]の[下]を選択し❸、[width]を「1px」に❹、[style]を[solid]に❺、[color]を「#DDDCDC」に指定します❻。

3 セレクター[#wrapper #sideContents dl]を選択し❶、[レイアウト]のプロパティを設定します。「width」を「100%」に設定します❷。[テキスト]のプロパティを設定します。[text-align]を[center]に指定します❸。

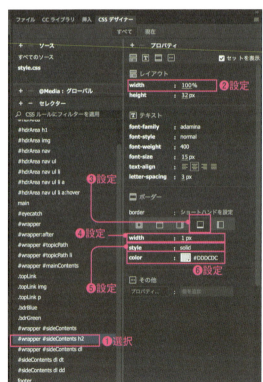

11-6 CSSのカラーを変更する

4 セレクター[#sideContents dl dt]を選択し❶、[レイアウト]のプロパティを設定します。[padding]の[padding-bottom]を「8px」に設定します❷。

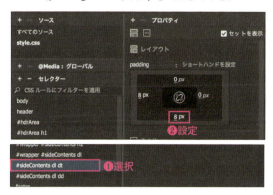

5 セレクター[#sideContents dl dd]を選択し❶、[レイアウト]のプロパティを設定します。[padding]の[padding-bottom]を「12px」に指定します❷。

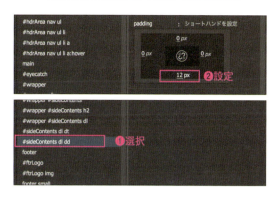

6 コードビューで「style.css」を見て、CSSデザイナーで作成したスタイルが設定されていることを確認します❶。

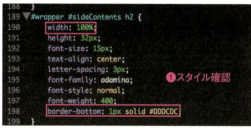

Step 04 フッターのデザイン変更

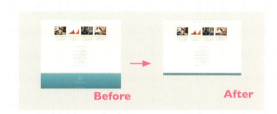

フッターのレイアウト・デザインを変更します。ロゴ画像を非表示にしてコピーライトのみの表示に変更します。

Lesson11 ▶ L11-6 ▶ L11-6-S03 ▶ L11-6-S03.html

1 レッスンファイルを開きます。セレクター[footer]を選択し❶、[レイアウト]のプロパティを設定します。[height]を「33px」を指定します❷。

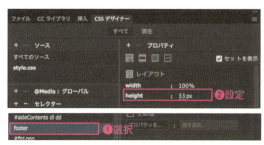

2 セレクター[#ftrLogo]を選択し❶、[レイアウト]のプロパティを設定します。[display]を[none]に指定します❷。

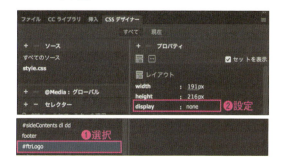

3 コードビューで「style.css」を見て、CSSデザイナーで作成したスタイルが設定されていることを確認します❶。

Lesson 11 CSSデザインのバリエーション

Exercise — 練習問題

 Lesson 11 ▶ L11 Exercise ▶ L11 EX.html

使用したい Web フォントを選択し、
「ナビゲーション」「サイドコンテンツの見出し」を変更します。
また「ナビゲーション」に設定されている CSS トランジションの編集を行い、
ロールオーバーの背景色を変更します。

Before

After

●01 レッスンファイルを開きます。[ツール]メニュー→[フォントを管理]を選択します。

●02 表示された[フォントを管理]ダイアログボックスで[Adobe Edge Web Fonts]を選択し、使用したい Web フォントを選択します。作例では[サンフォントのリスト]から「League Gothic」を使用します。最後に[完了]ボタンをクリックします。

●03 CSS デザイナーの[セレクター]で[#hdrArea nav ul li]を選択し、[テキスト]プロパティの[font-family]を、02 で選択した Web フォントに変更します。

●04 フォントを変更後、文字が小さくなってしまった場合は、[font-size]を変更しましょう。作例では[font-size]を「20px」に指定しました。

●05 セレクター[#wrapper #sideContents h2]を選択し、[font-family]を 02 で選択した Web フォントに変更します。[font-size]も任意の大きさに調整します。

●06 次に CSS トランジションの編集を行います。CSS トランジションパネルを表示させて、[hover]をダブルクリックします。[トランジションを編集]ダイアログボックスが表示されます。

●07 [プロパティ]で[background-color]を選択し、[終了値]のカラーを変更します。作例ではカラーを緑「#B1D554」から青「#68BAD5」に変更します。変更後、[トランジションの保存]をクリックします。

●08 最後に HTML ファイルと CSS ファイルを保存します。CSS ファイルを保存するときに「Web フォントのスクリプトタグを更新」というメッセージが表示されますが、[更新]をクリックし、[閉じる]をクリックします。

●09 HTML ファイルをブラウザーで開いて、変更を確認します。

テンプレートの作成と利用

An easy-to-understand guide to Dreamweaver

Lesson 12

Dreamweaverのテンプレート機能を使って、効率よくHTMLを作成する方法を学びます。テンプレートを使用することで、複数ページを一括で修正することができます。

Lesson 12 テンプレートの作成と利用

テンプレートの活用

Dreamweaverのテンプレート機能を使うことで、大量のWebページを効率よく作成できます。またテンプレートを編集すれば、紐付いたすべてのHTMLを更新することが可能です。

テンプレートとは？

「テンプレート」とは、定型書式を効率よく作成するための「雛形」です。Dreamweaverのテンプレートでは、はじめにWebサイト内で共通する部分をテンプレート化し、「テンプレートファイル」（DWT）を作成します。そのテンプレートファイルを使って、HTMLを作成します。

Webサイトは「トップページ」やそのほか複数のWebページで構成されます。「ヘッダー」、「ナビゲーション」、「フッター」などのエリアはデザインにもよりますが、すべてのWebページで共通するエリアです。この共通のエリアをテンプレート化することで、効率よくWebサイトを制作できます。

テンプレートを作成する場合、多くはトップページになりますが、はじめに元となるHTMLページを作成します。次にそのHTMLページをテンプレートファイル（DWT）化します。そして、Webサイト内で共通するヘッダー、ナビゲーション、フッターなどのエリアを編集不可領域としロックします。メインコンテンツなど各ページでデザインやテキストが異なる個所は編集可能領域として設定します。

テンプレートのしくみ

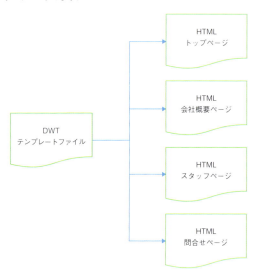

共通部分がテンプレート化されたテンプレートファイルを元に、トップページ、会社概要ページなど複数のページを効率よく作成することができる。作成するページ数の制限はない

COLUMN

便利なテンプレートはプロ好み？

HTML、CSSを理解し、Webサイトを一から制作、メンテナンスできるスキルがあるなら、デザインに制限がなく、大量のWebページを作成できるテンプレートは便利なツールです。しかし、Webサイトは依頼を受けたクライアントのためのもの。クライアントの多くは、できることならクライアント自身がメンテナンスをし、更新したいと思っています。そこで人気なのが、WordPressなどのCMSを使ったWebサイトです。ブログのような感覚で簡単に更新が可能です。ヘッダー、フッター、コンテンツ、サイドなどコンテンツ毎にphpなどの技術を使い、つなぎ合わせて表示する方法です。
Webサイトを制作する際、誰がメンテナンス・更新を行うかを明確にし、テンプレートで作成するか、WordPressなどのCMSを使うかを決めましょう。

214　　Windowsでは、キーは次のようになります。　　⌘ → Ctrl　　option → Alt　　return → Enter

編集不可領域と編集可能領域

テンプレートを使用した場合、作成したHTMLは
・編集不可領域（ヘッダー、フッターなど）
・編集可能領域（メインのコンテンツなど）
に分けることができます。
編集可能領域は、自由にHTMLの修正が可能な領域です。対して、編集不可領域は、HTMLの修正ができない領域になります。編集不可領域を編集するには元となるテンプレートファイルを修正する必要があります。元となるテンプレートファイルを修正した場合、紐付けるすべてのWebページに修正が反映され、1ページずつ修正する手間を省くことできます。

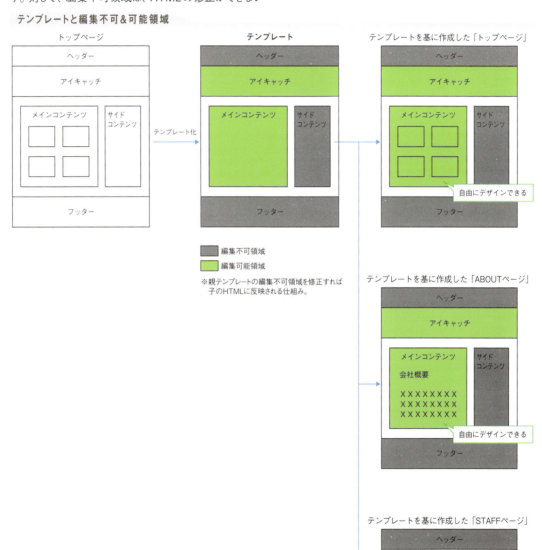

テンプレートと編集不可＆可能領域

※親テンプレートの編集不可領域を修正すれば子のHTMLに反映される仕組み。

テンプレートの編集不可領域（グレー）となっている個所を変更すると、テンプレートを元に作成した各ページに変更が反映されます。全ページに変更箇所を適用させることで、より安全にかつ品質を確保しながら、サイト制作が可能になる。テンプレートの編集可能領域を変更した場合、紐付くページには変更は反映されない

テンプレートの作成

テンプレートの作成方法を学びます。テンプレートファイルを作成後、編集可能領域を設定して、テンプレートに紐付いたWebページを作成します。

テンプレート作成の事前準備

Lesson12ではこれまでの作例サイトを元にして、テンプレートファイルを作成します。テンプレートを作成する場合、予め「編集不可領域」、「編集可能領域」をどこにするか決めておきます。ヘッダー、サイドコンテンツ、フッターの領域はすべてのページで共通で表示させるため、「編集不可領域」となります。対してメインコンテンツの領域は各ページでデザイン、コンテンツが異なるため、「編集可能領域」とします。

Webサイト制作ではレイアウトを確定し、デザインを行う段階で、テンプレートをどの領域にするか予め設計しておく必要があります。ただし、全ページレイアウトが異なるデザインの場合はテンプレートを使う必要はありません。制作方針のひとつとして、テンプレートを使用するかは事前に決めておきましょう。

テンプレートを作成する準備として、はじめにサイト定義をしておきましょう。以下のStepでは、[サイト名] を「lesson12」、[ローカルサイトフォルダー] を「Lesson12＞L12-2」フォルダーに設定して進めています。サイト定義後、ファイルパネルに作成したサイトを表示させて事前準備は完了です。

作例サイトでは「ヘッダー」、「サイドコンテンツ」、「フッターの領域」を「編集不可領域」として、「メインコンテンツ」を「編集可能領域」とする。ただし、「編集不可領域」にオプション機能を追加すると指定した対象を「表示する」または「表示しない」など簡単な制御を行うことができる

12-2 テンプレートの作成

Step 01 テンプレートの作成

レッスンファイル「index.html」を元にテンプレートファイルを作成します。

Lesson 12 ▶ L12-2 ▶ index.html

1 レッスンファイルを開きます。[ファイル]メニュー→[テンプレートとして保存]を選択します❶。[テンプレートとして保存]のダイアログボックスが表示されます。

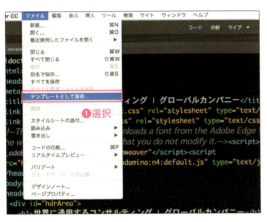

2 表示された[テンプレートとして保存]のダイアログボックスで、[サイト名]を選択し❶、[説明]に任意の文章を入力します❷。[保存名]にはテンプレートファイル名を入力します❸。テンプレートファイル名は英数字で入力しましょう。ここでは「lesson12_sample」と入力しました。[保存]ボタンをクリックします❹。

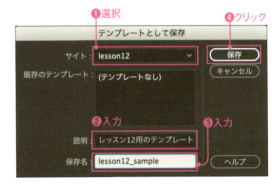

CHECK! 「Templates」フォルダーの作成場所とリンクの更新

テンプレート用フォルダーは、サイト定義で指定したフォルダーの最上位階層に、自動的に「Templates」の名前で作成されます。そしてこの、「Templates」フォルダーの中に作成したテンプレートファイルが保存されます。テンプレートファイルが最上位階層に作成されるので、CSSファイル、画像などのパスも変更する必要があります。そのため、保存時に出てくるダイアログ「リンクを更新しますか?」で、[はい]と選択すると、リンクが自動で更新されます。

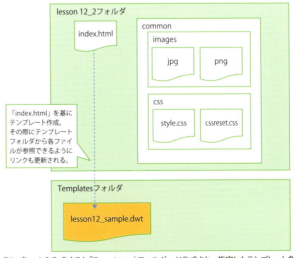

テンプレートを作成すると「Templates」フォルダーが作成され、指定したテンプレート名で「lesson12_sample.dwt」テンプレートファイルが作成される

217

Lesson 12 テンプレートの作成と利用

3 「リンクを更新しますか？」メッセージが表示されるので、[はい]とクリックします❶。

4 先手順で入力したテンプレートファイル名でテンプレートファイルが作成されました。ドキュメントツールバーでは「lesson12_sample.dwt」ファイルが表示されています❶。ファイルパネルを見ると「Templates」フォルダーが作成され、その中にテンプレートファイルがあることが確認できます❷。

Step 02 編集可能領域の設定

Step01から続きの作業です。編集可能領域を設定します。編集可能領域は<section id="main Contents">〜</section>の中のエリアになります。ここからはソースコードの修正になるので、コードビューで表示させてください。

1 Step01で作成したテンプレートファイルが開かれた状態で進めます。挿入パネルの表示を[テンプレート]に切り替え❶、テンプレート用メニューを表示します。

2 コードビュー上で、<section id="mainContents">〜</section>の中のタグをすべて選択し❶、[テンプレート]挿入パネルの[編集可能領域]をクリックします❷。

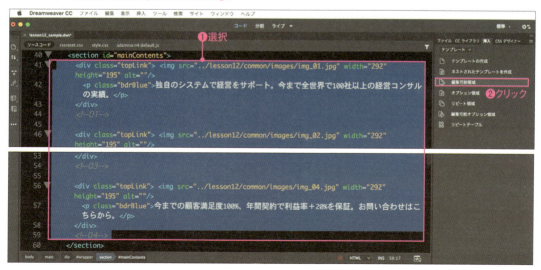

Windowsでは、キーは次のようになります。　⌘ → Ctrl　　option → Alt　　return → Enter

12-2 テンプレートの作成

3 ［新規編集可能領域］ダイアログボックスが表示されるので、［名前］に編集可能領域の名前を入力し❶、［OK］ボタンをクリックします❷。

4 コードビュー上に編集可能領域が追加されましたが、<main>タグの外に追加されてしまうので、コードビュー上で<section id="mainContents">〜</section>タグの間に入るようにカット＆ペーストで移動します❶。なお編集可能領域は、<!-- TemplateBeginEditable name="mainContents" -->〜<!-- TemplateEndEditable -->になります❷。

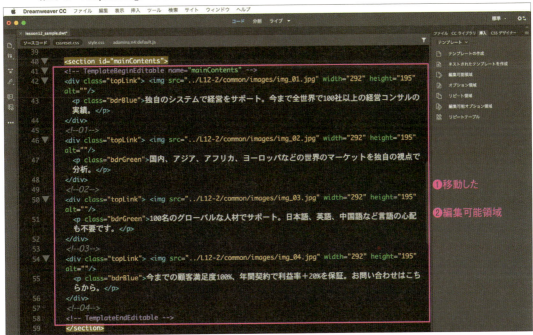

5 <template>タグの間のコード（編集可能領域）を削除します❶。テンプレートファイルを保存します。

CHECK! 自動で挿入される編集可能領域

基本的にテンプレートの編集可能領域は作成者が自分で設定しますが、テンプレートファイルを作成した際に「<title>タグ」、「<head>タグ」の編集可能領域は自動で挿入されます。

編集可能領域はテンプレートタグの<!-- TemplateBeginEditable --><!-- TemplateEndEditable -->の間になる

Lesson 12 テンプレートの作成と利用

Step 03 作成したテンプレートからHTMLを作成する

Step02から続けての作業となります。Step02で作成したテンプレートファイルを使い、新規HTML「index.html」を作成します。

1 ［ファイル］メニューバーから［新規］をクリックし、［新規ドキュメント］ダイアログボックスを表示させます。［サイトテンプレート］を選択し❶、定義した［サイト］を選択❷、Step02で作成したテンプレート名を選択します❸。［作成］ボタンをクリックします❹。

2 表示されたHTMLを見ると<template>タグから<Instance>タグに変わり、編集可能領域が設定されています。この<Instance>タグの間に、メインコンテンツを追加していきます❶。

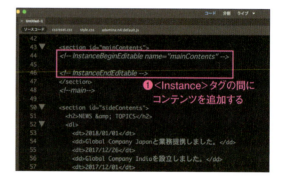

3 ファイルパネルから「index.html」をダブルクリックして❶、コードビューに表示します。コードビュー上で、「index.html」の<section id="mainContents">〜</section>の間を選択し、右クリックメニューから［コピー］を選択してコピーします❷。

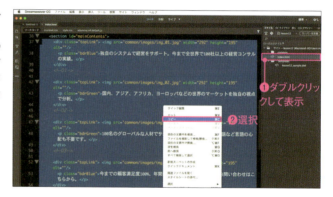

4 テンプレートファイルから作成したHTMLを表示し、<!-- InstanceBeginEditable name="mainContents" -->〜<!-- InstanceEndEditable -->の間に、前手順でコピーした内容を右クリックメニューから［ペースト］を選択してペーストします❶。

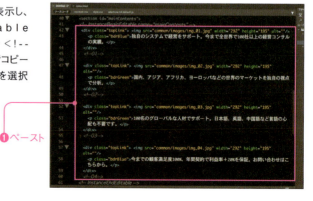

Windowsでは、キーは次のようになります。 ⌘ → Ctrl　option → Alt　return → Enter

5 「index.html」を閉じます。テンプレートファイルから作成した新規HTMLを「index.html」の名前で上書き保存します。警告のメッセージが表示されたら、[置き換え]をクリックして終了します❶。

CHECK! グレーで表示されている編集不可領域

テンプレートからHTMLを作成すると、コードビューで編集不可領域はグレーで表示されます。編集しようとするとエラー音がなり、編集できません。逆に編集可能領域はコードビューでは通常の状態（カラー）で表示され、一目見てわかるようになっています。

<!-- InstanceBeginEditable -->から<!-- InstanceEndEditable -->のテンプレートタグの中が編集可能領域となり、外は編集不可領域になる

COLUMN

テンプレートをしっかりとマスターする

Webサイトの共通部分をテンプレート化することで、効率よくたくさんのWebページを作成したり、一括変更できるのがテンプレートの魅力です。通常、テンプレートの編集不可領域は編集ができませんが、オプション領域やテンプレートプロパティのパラメーターを使うことで、対象コンテンツの表示・非表示の設定、独自CSSの適用など様々な制御を行うことができます。小規模のサイトではあまり効果を発揮しないテンプレートですが、中規模、大規模のサイトを制作する場合は非常に使える機能なので、このレッスンでしっかりと身につけてください。

Lesson 12　テンプレートの作成と利用

12-3 テンプレートの修正

テンプレートファイルを修正すると、テンプレートファイルに紐付いているHTMLはすべて変更が反映されます。テンプレートのメインとなる機能なので修正の流れをしっかり覚えましょう。サイト定義のローカルサイトフォルダーを更新して準備します。

Step 01　テンプレートを修正する

［サイト設定］ダイアログボックスで、サイト定義したサイト名「lesson12」の［ローカルサイトフォルダー］を「Lesson12>L12-3」に更新しておきます。テンプレートファイルを修正する手順を学びます。

Lesson12 ▶ L12-3 ▶ Templates ▶ lesson12_sample.dwt

1　レッスンファイルのテンプレートファイル「lesson12_sample.dwt」を開きます。コードビューで、<ul id="topicPath">タグ内の<li>タグ内にある「HOME >」を選択し❶、［HTML］挿入パネルの［Hyperlink］をクリックします❷。

2　［Hyperlink］ダイアログボックスが表示されます。［テキスト］には「HOME >」を設定し❶、［リンク］にはレッスンフォルダー内にある「index.html」を設定します❷。［OK］ボタンをクリックします❸。

3　テンプレートファイルが修正されたので、保存します。［テンプレートファイルの更新］ダイアログボックスが表示され、紐付いているファイルが表示されます❶。［更新］ボタンをクリックします❷。

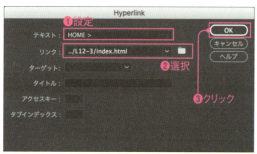

12-3 テンプレートの修正

4 ［ページの更新］ダイアログボックスが表示されます。［ログを表示］にチェックを入れると❶、更新されたファイル情報が表示されます❷。［閉じる］ボタンをクリックします❸。

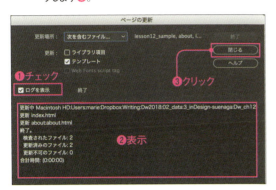

> **CHECK!** テンプレート修正時にファイルを開いていたら
>
> テンプレートファイルを更新した際、紐付いているファイルを閉じていれば、自動で更新されます。紐付いているファイルをDreamweaverで表示している場合、修正は反映されますが、保存をする必要があります。

5 「index.html」、「about.html」を確認すると正しく更新されていることがわかります❶。

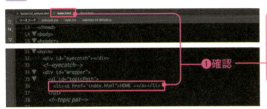

Step 02 オプション領域を作成する

Step01から続けての作業です。アイキャッチにオプション領域を設定し、表示する、表示しないというオプションを任意に設定できるようにします。

1 Step01で更新したテンプレートファイル「lesson12_sample.dwt」を開きます。コードビューで、<div id="eyecatch"></div>を選択し❶、［テンプレート］挿入パネルで［オプション領域］をクリックします❷。

2 [新規オプション領域]ダイアログボックスが表示されるので、[名前]に任意のオプション名を入力します❶。[初期設定では表示]はチェックを入れておきます❷。[OK]ボタンをクリックします❸。

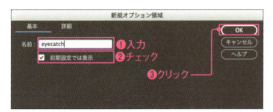

3 テンプレートファイルが修正されたので保存します。[テンプレートファイルの更新]ダイアログボックスが表示され、紐付いているファイルが表示されます❶。[更新]ボタンをクリックします❷。

4 [ページの更新]ダイアログボックスが表示されます。[ログを表示]にチェックを入れると❶、更新されたファイル情報が表示されます❷。[閉じる]ボタンをクリックします❸。

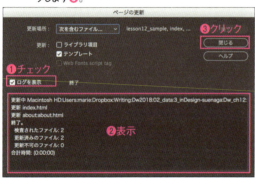

5 コードビューでテンプレートファイルを確認すると、<template>タグが入力されたことがわかります❶。「index.html」、「about.html」も更新されています。

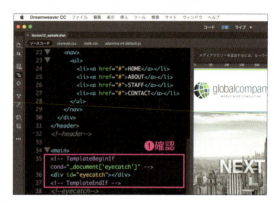

Step 03　オプション領域の設定を変更する

Step02からの続けての作業です。Step02で作成したオプション領域を使い、「about.html」でアイキャッチ画像を表示させないようオプション領域の設定を変更させます。

1 「Lesson12>L12-3>about」フォルダー内の「about.html」ファイルを開きます。[編集]メニュー→[テンプレートプロパティ]を選択します❶。

CHECK! オプション領域について

オプション領域とはテンプレート機能のひとつです。あるページで指定したタグを「表示する」、または「表示しない」という設定を行いたい時に使用します。なお、オプション領域はテンプレートプロパティを使用して、実装されています。テンプレートプロパティの詳しい説明は次のレッスンで行います。

12-3 テンプレートの修正

2 [テンプレートのプロパティ] ダイアログボックスが表示されるので、[eyecatchを表示] のチェックを外します❶。[名前] の [値] が [真] から [偽] に変更されます❷。[OK] ボタンをクリックします❸。

3 最後に「about.html」を保存します。これでアイキャッチ画像は表示されないように設定されました❶。

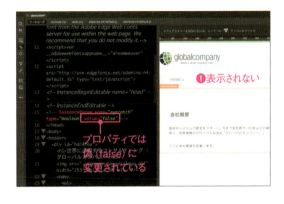

Step 04 テンプレートの切り離し

Step 03から続けての作業になります。「index.html」をテンプレートから切り離します。テンプレートから切り離すと、テンプレートを変更した際に、更新されないようになります。

1 「Lesson12＞L12-3」フォルダー内にある「index.html」ファイルを開きます。[ツール] メニュー→ [テンプレート] → [テンプレートから切り離す] を選択します❶。

2 これでテンプレートからは切り離されました。コードビューを見ると編集不可領域として、ソースコードがグレーに表示されていましたが、通常の表示に戻りました❶。

テンプレートの応用

テンプレートの応用として、テンプレートプロパティの使い方を学びます。これを使うことで、編集不可能領域の内容でも各ページごとに文字やタグを変えることができます。サイト定義のローカルサイトフォルダーを更新して準備します。

テンプレートプロパティとは

「テンプレートプロパティ」とは、パラメーターを作成し、作成したパラメーターに指定した値を入れることができる、テンプレート機能のひとつです。少し難しいですが、覚えると非常に便利な機能です。
テンプレートプロパティは基本的に編集不可領域のタグのプロパティを指定する際に使用します。使い方はさまざまで、たとえば以下のような使い方があります。
・編集不可領域にあるタグのID、またはCLASSを変えてデザインなどを変更する
・編集不可領域にあるタグの値に好きな値を入れる

前項の12-3のオプション領域も、テンプレートプロパティを使用して実装されています。

テンプレートプロパティを使用し、編集不可領域の値を指定したい値に変更できる

テンプレートプロパティのタグについて

テンプレートプロパティの属性

テンプレートプロパティのタグは主に「name属性」、「type属性」、「value」の3つから構成されています。「name属性」には指定するパラメーターを指定します。「type属性」は「テキスト」「URL」「カラー」「真/偽」「数字」から選択します。「value」は指定するパラメーターの値になります。

テンプレートプロパティを作成する場所

テンプレートプロパティを使用する場合、<head>タグ～</head>の中に記述をします。そして、使用するパラメーターは編集不可領域に指定します。パラメーターを使用する場合、「name属性」で指定した名前を「@@(」と「)@@」の間に入れます。
例：@@(parameter name)@@
なお、パラメーターの値はテンプレートプロパティ画面より入力します。

テンプレートプロパティのタグ内パラメータ

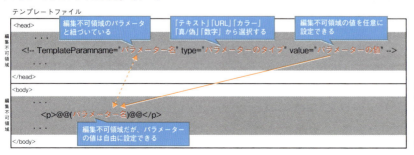

テンプレートプロパティを使用する場合、テンプレートファイル上の<head>タグの中にパラメーターを定義する。そして、定義したパラメーターは編集不可領域の中で使用する

12-4 テンプレートの応用

Step 01 テンプレートプロパティを設定する

[サイト設定] ダイアログボックスで、サイト定義したサイト名「lesson12」の [ローカルサイトフォルダー] を「Lesson12>L12-4」に更新しておきます。テンプレートプロパティを使い、パンくずを作成します。

Lesson12 ▶ L12-4 ▶ template tag.txt

1 「Lesson12>L12-4>Templates」フォルダー内にあるテンプレートファイル「lesson12_sample.dwt」を開きます。レッスンファイルを開き、テキスト（テンプレートプロパティタグ）をコピーします❶。

2 コピーしたテキストを、コードビューでテンプレートファイルの</head>の閉じタグの上に、右クリックメニューから [ペースト] を選択してペーストします❶。

3 パンくず用の<ul id="topicPath">の<li>タグをコピーし、一行下にペーストします❶。

4 コピーした<li>タグ内の<a>タグにhref属性「@@(pageurl)@@」パラメーターを設定し❶、<a>タグの値には「@@(pagetitle)@@」パラメーターを設定します❷。

5 テンプレートを保存します。[テンプレートファイルの更新] ダイアログボックスが表示され、紐付いているファイルが表示されます❶。[更新] ボタンをクリックします❷。

6 [ページの更新] ダイアログボックスが表示されます。[閉じる] ボタンをクリックします❶。

Lesson 12　テンプレートの作成と利用

Step 02　テンプレートプロパティを設定する

Step01 から続けての作業となります。Step01 で作成したテンプレートプロパティを使用して、パンくずを完成させます。

1　「Lesson12＞L12-4＞about」フォルダー内の「about.html」ファイルを開きます。［編集］メニュー→［テンプレートプロパティ］を選択します❶。

2　表示された［テンプレートのプロパティ］ダイアログボックスで、［pagetitle］を選択します❶。［pagetitle］は＜a＞タグで表示される値になります。下のボックスに「会社概要」と入力します❷。

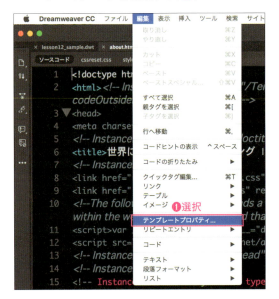

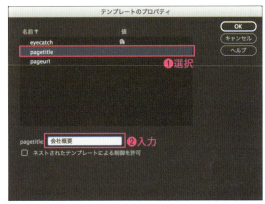

3　［pagetitle］の［値］に「会社概要」と登録されました❶。同様に、［pageurl］を選択して❷、「about.html」と入力し❸、登録します❹。［pageurl］はリンク先となるため、「about.html」と登録しました。［OK］ボタンをクリックします❺。

4　「about.html」を保存します。コードビューで「about.html」の内容を見ると、［テンプレートのプロパティ］ダイアログボックスで設定した内容が確認できます❶。また、編集不可領域にある＜a＞タグのhref属性が「about.html」に設定され、値は「会社概要」と設定されています❷。

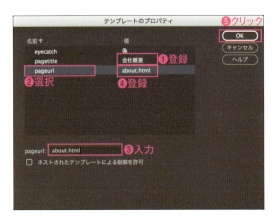

Step 03　リピート領域を設定する

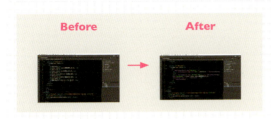

Step 02から続けての作業となります。サイドコンテンツの「NEWS & TOPICS」にリピート領域を設定します。ニュース、新着情報など同じフォーマットでタグを繰り返し使用する場合、リピート領域を使用すると便利です。

1 Step 01で更新したテンプレートファイルを開きます。コードビュー上で「NEWS & TOPICS」の最初の<dt><dd>タグ以外の<dt><dd>タグをすべて削除します❶。

❶これ以外の<dt><dd>タグは削除

2 <dt>タグ、<dd>タグを編集可能領域に設定します。<dt>〜</dt>の値「2018/01/01」を選択し❶、[テンプレート]挿入パネルの[編集可能領域]をクリックします❷。

3 [新規編集可能領域]にダイアログボックスが表示されるので、任意に[名前]を入力します❶。ここでは「date」と入力しました。[OK]ボタンをクリックします❷。

4 同様の作業で、<dd>タグ内の文字にも編集可能領域を設定します❶。こちらは、「text」と名前を付けました。

Lesson 12 テンプレートの作成と利用

5 コードビューで、<dl>〜</dl>タグをすべて選択した状態で❶、[テンプレート]挿入パネルで[リピート領域]をクリックします❷。

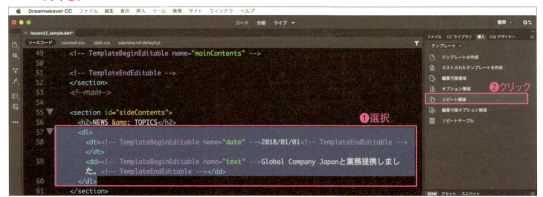

6 [新規リピート領域]ダイアログボックスが表示されるので、任意の[名前](ここでは「newstopics」)を入力し❶、[OK]ボタンをクリックします❷。

7 リピート領域が<dl>タグの外に追加されてしまうので、<dl>タグの内側にはいるように、コードビュー上でカット&ペーストで調整します❶。

8 テンプレートファイルを保存します。これでリピート領域の設定完了です。[テンプレートファイルの更新]ダイアログボックスが表示され、紐付いているファイルが表示されます。[更新]ボタンをクリックします❶。続いて表示される[ページの更新]ダイアログボックスは[閉じる]ボタンをクリックして終了です。

Step 04 リピート領域を使用する

Step 03で作成したリピート領域を実際に使用してみます。リピート領域の機能はデザインビューでのみ使用可能です。ライブビュー機能をオンにしている場合、使用できません。

1 「Lesson12＞L12-4」フォルダー内にある「index.html」を開きます。デザインビューで表示します。「NEWS & TOPICS」にリピート領域のコントローラー[+][-][▲][▼]が表示されます❶。

12-4 テンプレートの応用

2 設定したリピート領域の[+]をクリックすると❶、<dt>タグ、<dd>タグが新たに追加されます❷。

3 追加した<dt>タグ、<dd>タグの値をデザインビュー上で任意に変更して(ここでは「Japan」を「India」に)、[▲]をクリックすると❶、ひとつ上に移動します❷。見た目は上下が入れ替わったようになります。

4 設定したリピート領域の[-]をクリックすると❶、<dt>タグ、<dd>タグが削除されます❷。このとき削除されるのは追加した<dd>タグになります。

> **CHECK!** リピート領域はテンプレートに紐付く子ページで使用する
>
> ほかのテンプレート機能と同様に、リピート領域はテンプレートファイル上で設定し、テンプレートに紐付く子ページで使用します。テンプレートファイル上で使用はできません。

5 「index.html」を保存します。コードビューを見ると<dt>タグ、<dd>タグの値は変更できるようになっています❶。

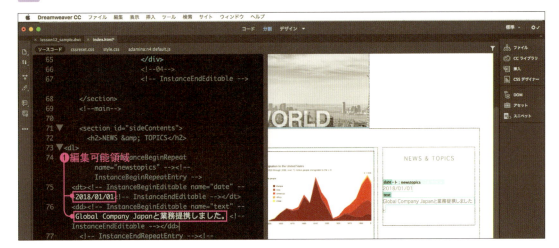

Lesson 12　テンプレートの作成と利用

12-5 ネストされたテンプレートを作成する

Dreamweaverでは作成したテンプレートの中にさらにテンプレートを作成することができます。どのように作成するか、見ていきましょう。サイト定義のローカルサイトフォルダーを更新して準備します。

親テンプレートの中に子テンプレートを作成する

テンプレートはネストして作成することができます。テンプレートの中にさらに共通化できる個所がある場合、元となるテンプレートを親とし、親テンプレートの中に子テンプレートを作成することができます。

この場合、親テンプレートの修正は子テンプレートにも反映され、子テンプレートで作成されたHTMLにも反映されます。子テンプレートを修正した場合は親テンプレートには影響はなく、子テンプレートで作成されたHTMLのみ修正が反映されます。

ネストするテンプレートの作成の手順としては、はじめに親テンプレートを作成し、次に子テンプレートを作成します。そして、子テンプレートを元にHTMLを作成します。中規模のWebサイトを制作する場合、親テンプレートのみではレイアウト・デザインが単調になるため、子テンプレートを使用する場合が多いので、しっかり覚えておきましょう。

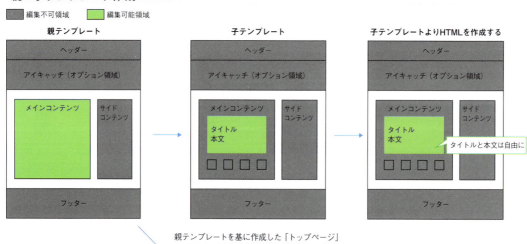

テンプレートはネストすることで、さらに複雑なレイアウト・デザインのHTMLを作成することができる。各ページをレイアウト・デザインする段階でどのようなテンプレート構成にするか設計する必要がある

12-5 ネストされたテンプレートを作成する

Step 01 ネストされた子テンプレートを作成する

[サイト設定] ダイアログボックスで、サイト定義したサイト名「lesson12」の [ローカルサイトフォルダー] を「Lesson12>L12-5」に更新しておきます。ニュースのHTMLは同じフォーマットで複数作成されます。

Lesson12 ▶ L12-5 ▶ news ▶ news_20xx.html

1. レッスンファイルを開きます。挿入パネルを表示させ❶、[テンプレート] 挿入パネルで [ネストされたテンプレートを作成] をクリックします❷。

2. [テンプレートとして保存] のダイアログボックスが表示されます。[サイト] を選択し❶、[説明] を入力します❷。[保存名] にはテンプレートファイル名 (ここでは「news_sample」) を入力します❸。テンプレートファイル名は英数字で入力しましょう。最後に [保存] ボタンをクリックします❹。

3. 「リンクを更新しますか?」メッセージが表示されるので、[はい] とクリックします❶。

4. 先手順で入力したテンプレートファイル名「news_sample」でテンプレートファイルが作成されました❶。ドキュメントツールバーでは「news_sample.dwt」ファイルが表示されています❷。

5 コードビュー上で、ニュースタイトル、本文を編集可能領域に設定します。<h2>タグの中身を選択し❶、[テンプレート]挿入パネルの[編集可能領域]をクリックします❷。

6 [新規編集可能領域]ダイアログボックスが表示されるので、[名前]に編集可能領域の名前を任意に入力し(ここでは「news title」)❶、[OK]ボタンをクリックします❷。

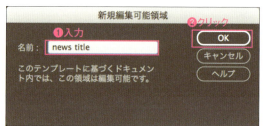

7 コードビューで、ニュース本文の<p>タグ内すべてを選択し❶、先の手順と同様の作業で[編集可能領域]を設定します(名前は「news text」)。このとき、<p>タグの外に<template>タグが挿入された場合は、<p>タグの内側に入れましょう。

8 コードビューで、手順5～7で作成したそれぞれの<template>タグの間の文章を削除して(行を空けておく)、テンプレートファイルを保存してください。削除した注意メッセージが表示されますが、無視して[OK]ボタンをクリックしてください❶。

Step 02　作成した子テンプレートからHTMLを作成する

Step01から続けての作業となります。Step01で作成したテンプレートファイル「news_sample.dwt」を使い、新規HTMLを作成します。

1 [ファイル]メニュー→[新規]を選択します。表示された[新規ドキュメント]ダイアログボックスで、[サイトテンプレート]を選択し❶、定義した[サイト]を選択すると❷、作成したテンプレートファイルがふたつ表示されます。Step01で作成した「news_sample」を選択し❸、最後に[作成]ボタンをクリックします❹。

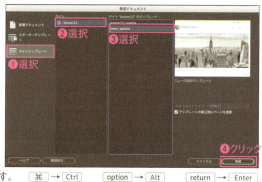

12-5 ネストされたテンプレートを作成する

2 作成された新規HTMLをコードビューで見ると<template>タグから<Instance>タグに変わり、編集可能領域が設定されています。この<Instance>タグの間に、ニュースタイトル❶、本文❷を追加していきます。

❶ニュースタイトル用の編集可能領域　❷本文用の編集可能領域

3 ファイルパネルから「news_20xx.html」を選択し、表示します。「news_20xx.html」内のニュースタイトルを選択し、右クリックメニューから[コピー]を選んでコピーします❶。新規HTMLをコードビューで表示させて、<Instance>タグの間にペーストします❷。同様に、「news_20xx.html」内の本文を新規HTMLにコピー&ペーストします❸。

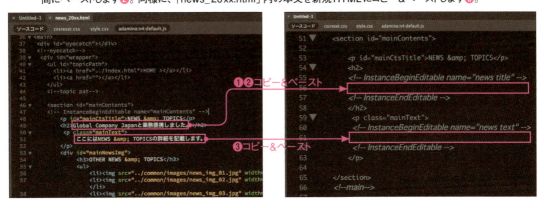

4 「news_20xx.html」を閉じます。子テンプレートファイルから作成した新規HTMLを「news_20xx.html」の名前で上書き保存します。警告のメッセージが表示されたら、[置き換え]をクリックして終了します❶。

COLUMN

テンプレートのネストはシンプルに

親テンプレートを作成し、その中に子テンプレートを作成する場合、あまり複雑にならないように注意しましょう。親テンプレートはシンプルにヘッダー、フッターなど全ページ共通の部分を設定し、子テンプレートはメインコンテンツのみに適用させるというようにシンプルにテンプレート設計を行うとメンテナンスしやすくなります。

Lesson 12　テンプレートの作成と利用

Exercise ― 練習問題

 Lesson12 ▶ L12Exercise ▶ L12EX ▶ Templates ▶ lesson12_sample.dwt

準備として、サイト定義で「Lesson12>L12Exercise>L12EX」フォルダーをローカルサイトフォルダーに定義してください（サイト名は任意）。親テンプレートファイル「lesson12_sample.dwt」を元に、「staff.html」、「contact.html」を作成します。

●01 ［新規ドキュメント］ダイアログボックスを開き、「lesson12_sample.dwt」を選択し、新規HTMLを作成します。
●02 staffフォルダー内にある「staff.html」を開き、メインコンテンツとなる部分、<p id="mainCtsTitle">STAFF</p>～</div>をコピーして、新規作成したHTMLのメインコンテンツ内にある編集可能領域<!-- InstanceBeginEditable name="mainContents" -->～<!-- InstanceEndEditable -->の間にペーストします。
●03 ［編集］メニュー→「テンプレートプロパティ」をクリック選択します。「eyecatchを表示」のチェックを外し、「pagetitle」にはパンくずのタイトルを入力します。「pageurl」にはファイル名を入力します。
●04 「staff.html」を閉じ、新規作成したHTMLを「staff.html」に上書きします。
●05 同様の作業で「contact.html」を作成します。なお、こちらは<p id="mainCtsTitle">CONTACT</p>～</form>をコピーします。

 Lesson12 ▶ L12Exercise ▶ L12EX ▶ Templates ▶ news_sample.dwt

先の問題より続けての作業です。子テンプレートファイル「news_sample.dwt」を元にして、「news_20180101.html」を作成します。

●01 ［新規ドキュメント］ダイアログボックスを開き、「news_sample.dwt」を元にした新規HTMLを作成します。
●02 「news」フォルダー内にある「news_20171226.html」を開き、メインコンテンツとなるタイトルと本文の2箇所（テンプレート領域名「news title」と「news text」の中身）をコピーし、新規作成したHTMLの<section id="mainContents">内にある編集可能領域にペーストしましょう。
●03 ペーストした「news title」のテキストを「Global Companyと業務提携しました。」に変更します。
●04 「news_20171226.html」を閉じ、新規作成したHTMLを、「news」フォルダー内に、「news_20180101.html」として保存します。
●05 「index.html」をブラウザーで開いて、サイドコンテンツ「News & TOPICS」の「2018/01/01」の「Global Company Japanと業務提携しました。」の部分をクリックして、作成したページへ飛ぶことを確認します。

サイトにいろいろな機能を加える

An easy-to-understand guide to Dreamweaver

Lesson 13

YouTube、Googleマップ、Facebookなどのインターネット上で公開されている人気のサービスをWebページに埋め込む方法を学びます。また、スニペット、ライブラリ、バリデーター、検索と置換等のDreamweaverの機能も学びます。

Lesson 13　サイトにいろいろな機能を加える

13-1 便利なWebサービスを使用する

YouTube、Googleマップ、Facebookなど多くのユーザーに使われているインターネット上のサービスをサイトに埋め込み、使用します。

Step 01　YouTubeの動画を表示させる

YouTubeの動画を「about.html」に埋め込み表示させます。埋め込みコードはYouTubeのサイトから取得します。

Lesson 13 ▶ L13-1 ▶ L13-1-S01 ▶ L13-1-S01.html

1. YouTubeで公開されている技術評論社の動画（https://www.youtube.com/watch?v=DjqIkMTLS1w）に、Webブラウザーでアクセスします❶。［共有］ボタンをクリックします❷。

❶ブラウザーで表示

❷クリック

CHECK!　Webサービスを表示させるには

Facebookなどのインターネット上のサービスを使用するにはサーバー上にHTMLを置き、ブラウザーで表示をする必要があります。ローカル上のHTMLをブラウザーで表示しても表示はされません。
ローカル環境をサーバーとして、使用する場合は「XAMPP」などのソフトウェアをインストールし、開発環境を構築する必要があります。

2 表示されたダイアログで、[埋め込む]をクリックします❶。

3 表示されたダイアログ内のコードを修正します。コード内で「width="480" height="360"」と設定したら❶、右下の[コピー]をクリックします❷。これで、クリップボードにコード全体がコピーされます。ここまではWebブラウザーでの作業です。

4 Dreamweaverでレッスンファイルを開きます。コードビューで、メインコンテンツ内の「<h2>会社説明</h2>」の下にある、<div class="service">〜</div>タグの中に、コピーした埋め込みコードを右クリックメニューから[ペースト]を選択してペーストします❶。

5 レッスンファイルを保存し、Webブラウザーで表示して、YouTubeの動画が埋め込まれていることを確認します❶。

> **CHECK!** 動画はデザインビューでは表示されない
>
> Dreamweaverのデザインビューでは動画をプレビューすることはできません。YouTubeの動画も同様で、確認するためにはライブビューにする必要があります。ちなみに、YouTubeの動画は<iframe>タグを使用して埋め込みますが、<iframe>タグとはWebページ内に別のページを表示させるタグです。<video>タグでも<iframe>タグでも、映像が表示できているかを確認する場合は、ライブビューに切り替えましょう。

Lesson 13 サイトにいろいろな機能を加える

Step 02　Googleマップを表示させる

Googleマップを「about.html」に埋め込み、表示させます。埋め込みコードはGoogleマップのサイトから取得します。

 Lesson13 ▶ L13-1 ▶ L13-1-S02 ▶ L13-1-S02.html

1 WebブラウザーでGoogleマップ（https://www.google.co.jp/maps/）にアクセスします。検索窓に「技術評論社」と入力し❶、［検索］ボタンをクリックします❷。［共有］ボタンをクリックします❸。

2 表示されたダイアログで［地図を埋め込む］タブをクリックします❶。左側の［▼］をクリックして❷、表示したメニューから［カスタムサイズ］を選択します❸。

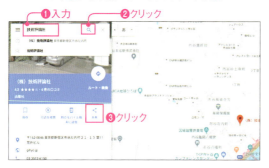

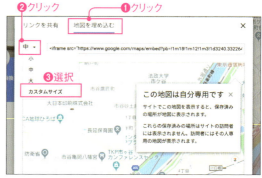

3 カスタムサイズの入力画面になるので、サイズを横「560」、縦「400」に設定します❶。下に表示されているコードをコピーします❷。Webブラウザーでの作業はここまでです。

4 Dreamweaverでレッスンファイルを開きます。コードビューで、メインコンテンツ内の「<h2>所在地</h2>」の下にある<div class="service">~</div>タグの間に、に右クリックメニューから［ペースト］を選択してペーストします❶。

240　Windowsでは、キーは次のようになります。　⌘ → Ctrl　　option → Alt　　return → Enter

5 レッスンファイルを保存します。これでGoogleマップの埋め込みは終了です。Webブラウザーでレッスンファイルを表示して、Googleマップが埋め込まれているか確認します❶。

❶確認

Step 03 Facebookのいいねボタンを表示させる

FacebookのいいねボタンをHTMLファイルに埋め込んで表示させます。埋め込みコードはFacebookのWebサイトから取得します。なお、Facebookのアカウントが必須となります。

Lesson 13 ▶ L13-1 ▶ L13-1-S03 ▶ L13-1-S03.html

1 Webブラウザーで、Facebookの「いいね!ボタン構成ツール」のページにアクセスします。[「いいね!」するURL]にはFacebookページのURLを入力し❶、[Width]には「560px」と入力します❷。ほかの項目はそのままにして、[コードを取得]ボタンをクリックします❸。

❶入力　❷入力　❸クリック

CHECK! Facebookは予めログインしておくこと

FacebookのLike Button開発ページからコードを取得する際は、あらかじめFacebookにログインする必要があります。Facebookアカウント、アップロードサーバーを持っていない人は、このStepはできないのでとばしてもかまいません。

2 右のような画面が表示されます。上部に表示されているコードは、Facebookが提供するJavaScript SDKの設定コードになります❶。これは<body>タグのすぐ下にコピーします。下部にあるのはFacebookボタンを表示させるコードです❷。

❶Facebookが提供するJavaScript SDKの設定コード

❷Facebookボタンを表示させるコード

Lesson 13 サイトにいろいろな機能を加える

3 Dreamweaverでレッスンファイルを開きます。コードビューで、<body>タグのすぐ下に、Facebookが提供するJavaScript SDKの設定コードをペーストします❶。

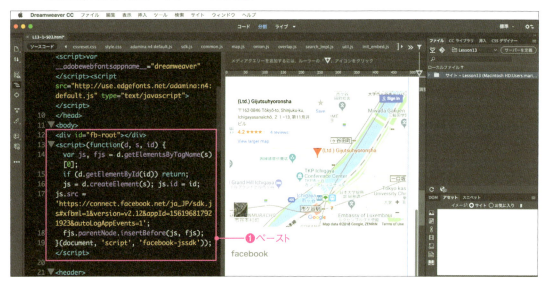

4 続けて、メインコンテンツ内の「<h2>facebook</h2>」の下にある<div class="service">～</div>タグの間にFacebookボタンを表示させる下のコードをペーストします❶。

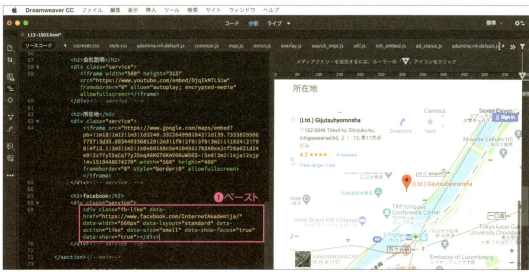

5 レッスンファイルを保存します。これでFacebookボタンの埋め込みは終了です。[リアルタイムプレビュー]で確認すると、[いいね！][シェア]ボタンが表示されていることがわかります❶。なお、ローカルで、直接Webブラウザーで表示してもボタンは表示されません。サーバー上にアップロードして配置しないと、表示されません。

13-2 スニペットとライブラリの登録

Dreamweaverではテンプレートとは別にWebページの共通部分をライブラリ、スニペットという部品として管理ができます。本項ではサイト定義をしてStepを進めます。

スニペット機能

Dreamweaverではよく使用するHTMLやCSSのソースコードの断片を「スニペット」と呼びます。スニペットは、用途毎にカテゴリ分けし、必要な時に登録しておいたソースコードを簡単に挿入することができます。作成したスニペットはユーザーファイルとして、Dreamweaver内部の隠しファイルに保存されます。

登録したスニペットを修正した場合、既に使用されたソースコードには影響がありません。スニペットは［スニペット］パネルを表示して使用します。Dreamweaverを起動したときには表示されません。

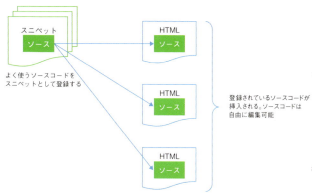

よく使うソースコードをスニペットとして登録し、効率よくコーディングを行う

ライブラリ機能

ライブラリとはWebページの中で共通化したいパーツ（ソースコード）を外部ファイル化して管理する機能です。

テンプレート機能の場合はWebページ全体を雛形としてテンプレートファイルが作成されますが、ライブラリ機能の場合はWebページの一部のソースコードを対象として、パーツのみを外部ファイル化します。

ライブラリを作成するとローカルフォルダー直下に「Library」フォルダーが作成され、ライブラリファイル「.lbi」が作成されます。ライブラリファイルを変更すると、ライブラリのソースコードを使用している個所すべてのHTMLが更新されます。

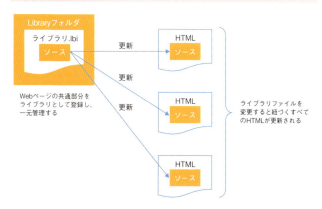

元となるライブラリファイルを変更すると、紐づくHTMLはすべて更新される

Lesson 13　サイトにいろいろな機能を加える

Step 01　スニペットの作成

準備として、[ローカスサイトフォルダー]に「Lesson13>L13-2」フォルダーを設定した（[サイト名]は任意）、サイト定義をしておきます。サイト<meta name="viewport">タグのスニペットを作成し、レッスンファイルに挿入します。

　Lesson13 ▶ L13-2 ▶ index.html

1　レッスンファイルを開きます。[ウィンドウ]メニュー→[スニペット]を選択します❶。スニペットパネルが表示されます❷。

2　スニペットのフォルダーを作成します。スニペットパネルで[新規スニペットフォルダー]をクリックします❶。任意のフォルダー名を入力します❷。ここでは「ビューポート」と入力しました。

3　スニペットを作成します。コードビューで、<!--snippet-->の下の<meta name="viewport">タグのコードをコピーします❶。スニペットパネルで前手順で作成したフォルダーを選択し❷、[新規スニペット]をクリックします❸。

244　Windowsでは、キーは次のようになります。　⌘ → Ctrl　　option → Alt　　return → Enter

13-2　スニペットとライブラリの登録

4 ［スニペット］ダイアログボックスが表示されます。［名前］を入力します❶。ここでは「viewport」と入力しました。［説明］を入力します❷。ここでは「ビューポートの設定」と入力しました。［コードの挿入］では先の手順でコピーした<meta name="viewport">タグのコードが表示されています❸。［OK］ボタンをクリックします❹。

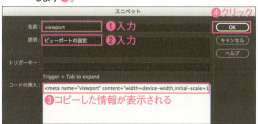

5 スニペットパネルに新規スニペット「vewport」が登録されました❶。「index.html」を保存して終了します。

Step 02　スニペットを挿入する

Step01より続けての作業となります。作成したスニペットを使用します。レッスンフォルダー「Lesson12>L12-2」内にある、「about.html」に新しく作成した<meta name="viewport">タグのスニペットを挿入します。

1 「Lesson13>L13-2>about」フォルダー内の「about.html」を開きます。コードビューで、<title>タグの下にStep01で作成したスニペットを挿入するので、ここにカーソルを配置しておきます❶。

2 スニペットパネルの［viewport］を選択し❶、［挿入］ボタンをクリックします❷。これで登録したスニペット<meta name="viewport">タグが挿入されました❸。「about.html」を保存して終了します。

Step 03 ライブラリの作成

Step 02より続けての作業となります。レッスンファイルのフッターをライブラリ化し、「index.html」のフッターとして挿入します。

1 「Lesson13>L13-2」フォルダー内の「index.html」ファイルを開きます。[ウィンドウ]メニュー→[アセット]を選択します❶。

2 アセットパネルが表示されます❶。アセットパネルの左にあるメニューの、一番下にある[ライブラリ]を選択します❷。

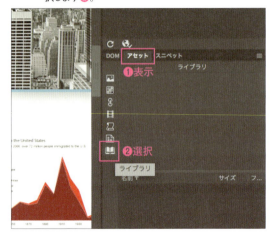

3 コードビューで<footer>タグ全体を選択して、右クリックメニューから[コピー]を選択してコピーします❶。アセットパネルの[新規ライブラリ項目]をクリックします❷。

Windowsでは、キーは次のようになります。　⌘ → Ctrl　　option → Alt　　return → Enter

13-2 スニペットとライブラリの登録

4 ライブラリのパネルでの表示に関するメッセージが表示されるので、[OK]ボタンをクリックします❶。

5 アセットパネルでライブラリ名を入力すると、ライブラリが作成されます❶。ここでは「footer」と入力しました。するとライブラリファイル名が「footer.lbi」ファイルとなります。[ファイルの更新]ダイアログボックスが表示されるので、[更新]をクリックします❷。

6 「index.html」を保存します。ファイルパネルを見るとローカルサイトフォルダー直下に「Library」フォルダーが作成され、作成した「footer.lbi」ライブラリファイルが表示されます❶。コードビューでは、<library>タグが挿入されています❷。

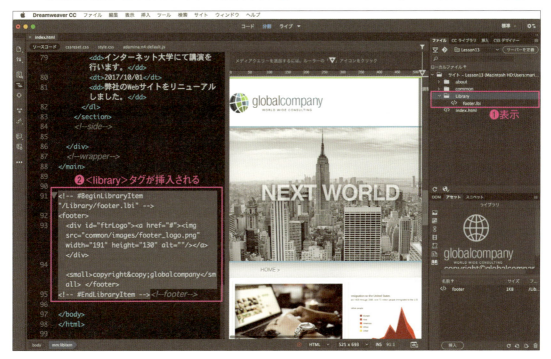

247

Lesson 13　サイトにいろいろな機能を加える

Step 04　ライブラリを挿入する

Step04から続けての作業となります。作成したライブラリを使用します。レッスンフォルダー内にある「about.html」に新しく作成したフッターのライブラリを挿入します。

1　「Lesson13＞L13-2＞about」フォルダー内の「about.html」を開きます。コードビューで、</main>の閉じタグの下にStep03で作成したライブラリを挿入するので、ここにカーソルを配置します❶。

2　アセットパネル上のライブラリの中にある[footer]を選択し❶、[挿入]ボタンをクリックします❷。これで登録したフッターのライブラリが挿入されました❸。

COLUMN

ライブラリを修正する場合

ライブラリを修正する場合は、ライブラリファイル(.lbi)を直接更新します。更新後、テンプレートと同じように「ライブラリ項目の更新」ダイアログボックスが表示され、対象となるファイルが表示されます。[更新]ボタンをクリックすると「ページの更新」のログが表示されます。

13-3 そのほかのDreamweaverの機能

このレッスンではまだ学んでいないそのほかのDreamweaverの機能を学びます。

バリデーターについて

バリデーター（validator）とはマークアップされたHTMLソースコードが仕様にそって適切に記述されているか判断し、不適切な個所があった場合はエラーとして通知する機能です。ソースコードはW3Cが提供しているサービス「W3C Markup Validation Service」に送信され、チェックされます。

バリデーター機能を使用する場合はインターネット接続が必要になる

検索／置換について

「検索／置換」は［検索］メニュー→［ファイルを横断して検索／置換］を選択して表示される、［検索および置換］ダイアログボックスで行います。［検索および置換］ダイアログボックスの［詳細］タブにある項目で高度な検索が可能になります。また、「検索／置換」の機能はコードビューおよびデザインビュー上で実施することができますが、ライブビューをオンの状態では実施できませんので、気をつけましょう。

［検索および置換］ダイアログボックスの［基本］。この画面の例は、現在のローカルサイト全体の＜main＞タグを＜div＞に変更する設定

［検索および置換］ダイアログボックスの［詳細］。より高度な検索が可能になる

Lesson 13　サイトにいろいろな機能を加える

Step 01　バリデーターでソースコードをチェックする

HTMLのソースコードがWC3の仕様に沿って適切に記述されているか、バリデーターを使いチェックを行います。

Lesson13 ▶ L13-3 ▶ L13-3-S01 ▶ L13-3-S01.html

1 レッスンファイルを開きます。[ファイル]メニュー→[バリデート]→[現在のドキュメント]を選択します❶。

2 [W3Cバリデーター通知]のメッセージが表示されるので、[OK]ボタンをクリックします❶。

3 検証パネルが表示されて、ここにバリデーター結果が表されます。警告1件として、45行目の<section id="mainContents">に見出しタグが設定されていないと注意されました❶。

4 45行目の次の行に<h2>global company</h2>タグを追加し❶、再度、バリデーターを実施します。今度は、「エラーや警告は見つかりませんでした」というバリデーター結果になりました❷。

Step 02　検索／置換を行う

指定したテキストで検索し、テキストを置き換える方法を学びます。テキスト「globalcompany」を検索し、それを「GlobalCompany」に置き換えます。

Lesson13 ▶ L13-3 ▶ L13-3-S02 ▶ L13-3-S02.html

1 レッスンファイルを開きます❶。

Windowsでは、キーは次のようになります。　⌘ → Ctrl　option → Alt　return → Enter

13-3 そのほかのDreamweaverの機能

2 続けて、[検索]メニュー→[現在の文書内で置換]を選択します❶。

3 [検索]にはキーワードとなるテキストを入力し、[置換]に置き換えるテキストを入力します。[検索]に「globalcompany」と入力し❶、[置換]に「GlobalCompany」と入力します❷。[すべて置換]をクリックします❸。

4 検索と置き換えの結果が検索パネルに表示され❶、コピーライトのテキスト「globalcompany」が「GlobalCompany」に変更されました❷。

COLUMN

検索対象について

Step02では、検索対象を初期設定の「現在のドキュメント」のまま検索を実施しましたが、Dreamweaverでは以下のように検索対象の範囲を広げて、検索をすることができます。
・現在のドキュメント
・現在開いているドキュメント
・フォルダー
・サイト内の選択したファイル
・現在のローカルサイト全体

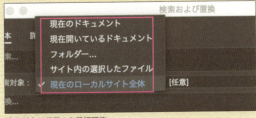

検索対象は複数から選択可能

Lesson 13 サイトにいろいろな機能を加える

Exercise — 練習問題

 Lesson13 ▶ L13Exercise ▶ L13EX ▶ about ▶ about.html

準備としてサイト定義で「Lesson13>L13Exercise>L13EX」フォルダーを［ローカルサイトフォルダー］として設定してください（［サイト名］は任意で）。
レッスンファイル「about.html」にGoogleマップを追加します。Googleマップは自分の好きな住所を指定し、埋め込みコードを取得してください。

Before

After

● 01 WebブラウザーでGoogleマップ（https://www.google.co.jp/maps/）にアクセスし、任意の場所、住所等を入力し［検索］ボタンをクリックします。
● 02 検索結果表示で、［共有］ボタンをクリックし、表示されたダイアログで［地図を埋め込む］タブを表示します。［カスタムサイズ］を選択し、サイズを横「560」、縦「400」に設定します。表示されているコードをコピーします。
● 03 レッスンファイル「about.html」を、Dreamweaverで開きます。コードビューでメインコンテンツ内の「<h2>所在地</h2>」の下にある<div>タグの中にコピーしたコードをペーストします。
● 04 「about.html」を保存して、Webブラウザーで表示して確認します。

前の練習問題から続けて行います。
Googleマップを表示した「about.html」にサイドコンテンツ領域を追加します。
はじめに「index.html」のサイドコンテンツをライブラリ化し、次に作成したライブラリを「about.html」にサイドコンテンツ領域を追加します。

Before

After

● 01 「Lesson13>L13Exercise>L13EX」フォルダー内の「index.html」を開きます。アセットパネルを表示し、［ライブラリ］を表示させます。
● 02 コードビューで<section id="sideContents">タグ全体をコピーします。アセットパネルの［新規ライブラリ項目］をクリックします。ライブラリのパネルでの表示に関するメッセージが表示されるので、[OK]ボタンをクリックします。
● 03 ライブラリ名（任意で）を入力すると、ライブラリが作成されます。［ファイルの更新］ダイアログボックスが表示されるので、［更新］をクリックします。
● 04 「index.html」を保存します。前の練習問題で更新した「about.html」を開きます。
● 05 <section id="mainContents">タグの終了タグである</section>タグと</div>タグの間に、ライブラリ登録したサイドコンテンツをアセットパネルから挿入します。
● 06 「about.html」を保存して、Webブラウザーで表示して確認します。

Bootstrapを使った
レスポンシブデザイン

An easy-to-understand guide to Dreamweaver

Lesson

Webサイト制作の現場でよく利用されている「Bootstrap」を使ったサイト制作の流れを学びます。
マルチデバイスに対応した、レスポンシブWebデザインという手法は高度な知識が必要ですが、Dreamweavertと「bootstrap」を組み合わせれば簡単に作成できます。

Lesson 14　Bootstrapを使ったレスポンシブデザイン

スマートフォンサイトについて

一般的にWebサイトをそのままスマートフォンで表示させると、文字や画像などの表示が小さく閲覧性・操作性が下がります。スマートフォン向けに最適されたスマートフォンサイトを作ることはユーザビリティ、SEO両方の視点からも必要になっています。

レスポンシブの基本

「レスポンシブ」とはスマートフォン、タブレット、デスクトップとそれぞれ異なるデバイスに対して、別ページを用意せずにひとつのHTMLでWebページを最適化し表示する、Webデザインの手法です。
具体的にはCSS3から追加された「メディアクエリー」とHTML5から追加されたメタタグの「viewport」を使用し、実装します。メディアクエリーは、ユーザーが使用しているデバイスの画面サイズに合わせCSSを切り替えて、最適化したWebページを表示させるために使用します。viewportはスマートフォン、タブレット用の表示領域を指定する際に使用します。

レスポンシブWebデザインのイメージ

レスポンシブWebデザインでは下図のように、デバイスが0～480pxの場合は「モバイル」、横幅481～768pxの場合は「タブレット」、横幅780px～の場合は「デスクトップ」、といったように画面サイズを「px」で指定し、CSSを切り替えます。

デスクトップのときは3カラムで表示し、タブレットのときは2カラムで表示、スマートフォンのときは1カラムで表示、といったようにデバイスによってコンテンツの配置を調整し表示します。これが、レスポンシブWebデザインの代表的な表示方法です。

レスポンシブWebデザインのしくみ

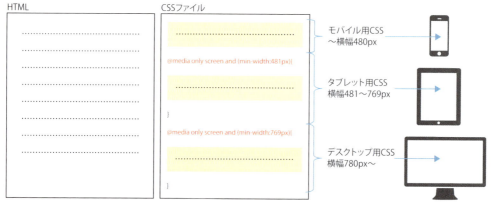

レスポンシブWebデザインではHTMLはひとつ。複数のCSSを切り替えることで異なるデバイスに最適化し、Webページを表示することができる。通常はモバイル用、タブレット用、デスクトップ用の3つのCSSを用意する

viewportについて

「viewport」とは表示領域とも言われ、スマートフォンの登場とともに出てきた概念です。たとえば、スマートフォンのデバイス幅は6cm程度ですが、パソコン並みの980px以上の表示領域を持っています。ただし文字が読みづらいため、ピンチインなどによる拡大が必要です。この煩わしさを回避するためにviewportはHTMLで変更することができます。

480pxに幅を固定する場合

<meta name="viewport" content="width=480">

デバイス幅に応じて自動調整する場合

<meta name="viewport" content="width=device-width">

viewportのしくみ

スマートフォンの表示領域（viewport）は980px以上なので全体が表示できるが文字が読みづらい。

表示領域（viewport）を480pxにすると画面からはみ出してしまうが、この方がCSSで調整しやすい。

- vewportで指定可能なもの
  - width（横幅）
  - height（縦幅）
  - initial-scale（初期倍率）
  - minimum-scale（最小倍率）
  - maximum-scale（最大倍率）
  - user-scalable（ユーザーのズーム操作の可否）
  - target-densitydpi（ターゲットとなる画面密度）

メディアクエリーについて

「メディアクエリー」とは、CSSの機能のひとつで、デバイスの解像度や画面幅、デバイスの向きなどの条件によって読み込むスタイルを切り分ける機能のことです。レスポンシブWebデザインをする上では、切替条件として「画面の横幅」がよく使われます。

CSSが切り替わる地点を「ブレイクポイント」と呼び、スマートフォンの時の「画面の横幅」とパソコンの時の「画面の横幅」など、1〜3つ程度のブレイクポイントを設定するのが一般的です。設定は以下のようにします。

メディアクエリーの使い方

メディアクエリーを使ってブレイクポイントを設定するには2つの方法があります。HTMLのlinkタグ内にmedia属性として指定する方法と、スタイルシート内に記述する方法です。

linkタグ内に属性として記述する方法
（480px以下の画面横幅の場合）

画面の横幅が480pxより小さい場合のみ、style.cssが適用されます。

<link rel="stylesheet" media="(max-width: 480px)" href="style.css" />

スタイルシート内に記述する方法
（480px以下の画面横幅の場合）

画面の横幅が480pxより小さい場合のみ、以下のスタイルシートが適用されます。

```
@media (max-width: 480px){
    ここに480px 以下の画面サイズで指定したいCSSを書く
}
```

ビジュアルメディアクエリー

「ビジュアルメディアクエリー」とは、メディアクエリーを視覚的に表現したもので、ライブビューもしくは分割ビューにて視覚的に新規追加/編集/削除することができます。

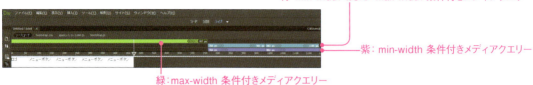

青：min-width および max-width 条件付きメディアクエリー
紫：min-width 条件付きメディアクエリー
緑：max-width 条件付きメディアクエリー

Bootstrapについて

「Bootstrap」とは、レスポンシブWebデザインのサイトやWebアプリケーションを効率よく開発することができるCSSフレームワークのひとつです。公式サイトからダウンロードして利用することができます。もともとTwitter社内で作られ「Twitter Bootstrap」という名称でしたが、現在は「Bootstrap」と呼ばれています。
ボタン、テーブル、ナビゲーションなど基本的な部品があらかじめ用意されています。本書ではBootstrapのバージョン4で解説しています。

レスポンシブに対応しやすい

作成したページをパソコンで見てもスマートフォンで見ても自動的に見た目が変化します。ヘッダー、ナビゲーション、サイドバーなど、いろいろなパーツが自動的にリサイズされたり、見た目が変わります。

ブレークポイントごとのデザインがしやすい

Bootstrapでは、4つのブレークポイント（576px、768px、992px、1200px）がデフォルトで設定されています。そのため、右図のようにclass名をcssに付けるだけでレイアウト調整ができます。

1列〜12列のデザインに対応

Bootstrapでは、横幅を12分割し、12本のカラムを使ってレイアウトを作ることができるグリッドシステムが特徴です。「.container」または「.container-fluid」の中に.rowのボックスを入れ、その中にカラムを入れます。

色々なテーマを元に作成できる

世界中のデザイナーが作成した有料、無料のテーマ（デザインテンプレート）がダウンロードして利用できます。公式サイトはもちろん、ブログやまとめサイトで人気のテーマが紹介されています。

画面サイズ	prefix	指定方法
576px未満（スマートフォン）	なし	.col-
576px以上〜768px未満（スマートフォン）	sm	.col-sm-
768px以上〜992px未満（タブレット）	md	.col-md-
992px以上〜1200px未満（デスクトップ）	lg	.col-lg-
1200px以上（デスクトップ）	xl	.col-xl-

「container」と「container-fluid」は、画面サイズに合わせて段階的にリサイズされるか流動的にリサイズされるかで使い分けます。

1200px以上の場合、columnsの合計数値は12となります

14-2 レスポンシブなスターターブログ投稿ページを作成

14-2 レスポンシブなスターターブログ投稿ページを作成

メディアクエリーを使用して構築されたシンプルなブログ投稿ページを作成します。このふたつのアプリは進化を繰り返し、同じような機能が搭載されるようになりました。

Step 01 テンプレートを利用してサイトを作成

Dreamweaverのテンプレートを利用してサイトを作成します。

1 「ファイル」メニュー→[新規]を選択します❶。[新規ドキュメント]ダイアログボックスが表示されるので、[スターターテンプレート]→[レスポンシブなスターター]→[レスポンシブ-ブログ投稿]を選択して❷、[作成]ボタンをクリックします。

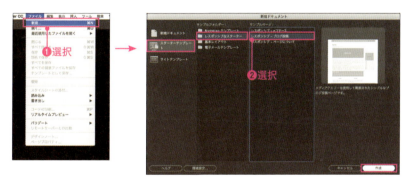

2 表示されたページを「index.html」として保存します。[リアルタイムプレビュー]を使うか、または保存したHTMLファイルをWebブラウザーで直接表示して確認します❶。

❶確認

Lesson 14　Bootstrapを使ったレスポンシブデザイン

Step 02　スクラバー操作で表示を確認

<h2>タグを挿入し、ライブビューでスクラバー操作を行い表示を確認します。

Lesson14 ▶ L14-2 ▶ index.html

1. レッスンファイルを開きます。コードビューで、見出し<h1>タグのテキストを「会社概要」に変更します❶。<h1>タグの終了タグ</h1>の後ろにカーソルを配置して❷、[HTML]挿入パネルで[見出し]の[H2]をクリックして選択します❸。

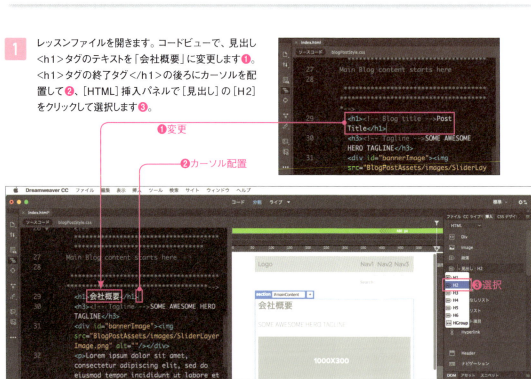

2. カーソルを配置したところに「<h2>これは、レイアウトH2タグのコンテンツです</h2>」と挿入されます。コードビューで、<h2>タグのダミーテキスト部分を「世界に通用するコンサルティング会社」に変更します❶。

Windowsでは、キーは次のようになります。　⌘ → Ctrl　option → Alt　return → Enter

14-2 レスポンシブなスターターブログ投稿ページを作成

3 ［ライブビュー］で表示して確認します❶。スクラバーを操作して、表示領域を狭めて、どのような表示になるかを確認します❷。

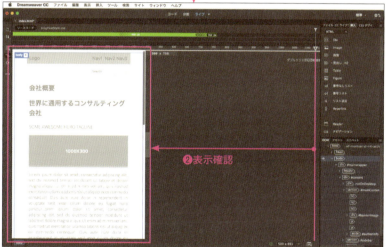

4 表示されたページを「index.html」として保存します。［リアルタイムプレビュー］で確認するか、または保存したHTMLファイルをWebブラウザーで直接表示して確認します❶。

Lesson 14 Bootstrapを使ったレスポンシブデザイン

14-3 Bootstrapテンプレートをカスタマイズ

Bootstrapを使用して構築されたポートフォリオを作成します。

Step 01 テンプレートを利用する

DreamweaverのBootstrapテンプレートを利用してサイトを作成します。

1 ［ファイル］メニュー→［新規］を選択します。［新規ドキュメント］ダイアログボックスが表示されるので、［スターターテンプレート］→［Bootstrap テンプレート］→［Bootstrap - ポートフォリオ］を選択します❶。

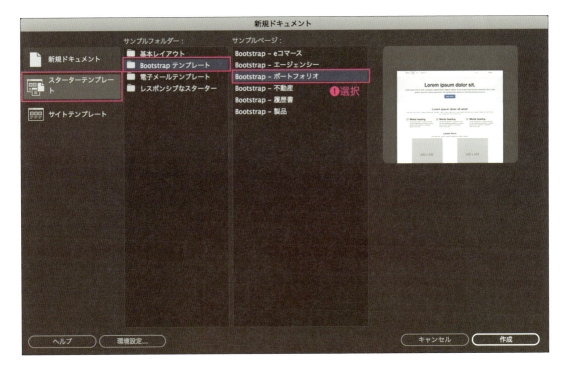

Windowsでは、キーは次のようになります。　⌘ → Ctrl　　option → Alt　　return → Enter

14-3 Bootstrapテンプレートをカスタマイズ

2　新規ファイルが開きます。コードビューで見ると、初期状態では英語の言語コード「html lang="en"」になっているため❶、日本語設定の「[html lang="ja"」に変更します❷。

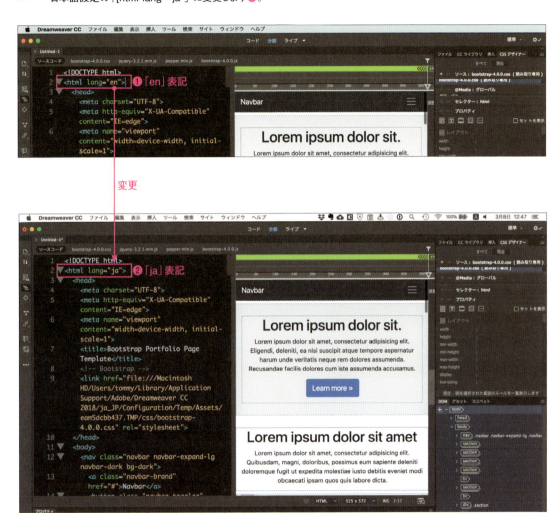

3　変更したらHTMLファイルとして保存します（「index.html」など）。[リアルタイムプレビュー]を使うか❶、または保存したHTMLファイルをブラウザーで直接ローカルで表示するなどして確認します❷。

❶リアルタイムプレビュー

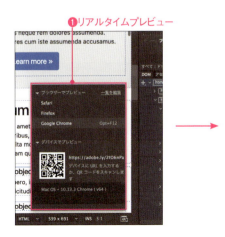

❷表示確認

Lesson 14　Bootstrapを使ったレスポンシブデザイン

Step 02　ナビゲーションの修正をする

ナビゲーションにCLASSを追加し、下にスクロールしてもナビゲーションバーが追従するようにします。

　Lesson14 ▶ L14-3 ▶ L14-3-S02 ▶ L14-3-S02.html

1 レッスンファイルを開きます。ライブビューで、表示されたエレメントディスプレイで、<nav>タグ内の[+]ボタンをクリックして❶、セレクター「.fixed-top」を入力します❷。

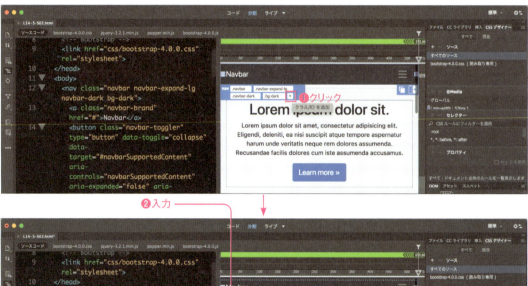

2 HTMLファイルを保存します。[リアルタイムプレビュー]を使うか、または保存したHTMLファイルをWebブラウザーで直接表示して確認します❶。スクロールしてもナビゲーションバーが追従しているのが確認できます。

Step 03 ボタンの修正をする

CLASSを変更しボタンの色、サイズを変更します。

Lesson14 ▶ L14-3 ▶ L14-3-S03 ▶ L14-3-S03.html

1. レッスンファイルを開きます。ライブビュー上で［Learn more>>］と表示されているボタンをクリックします❶。ライブビューではエレメントディスプレイが表示され、コードビューではボタン部分のコードが選択されます❸。

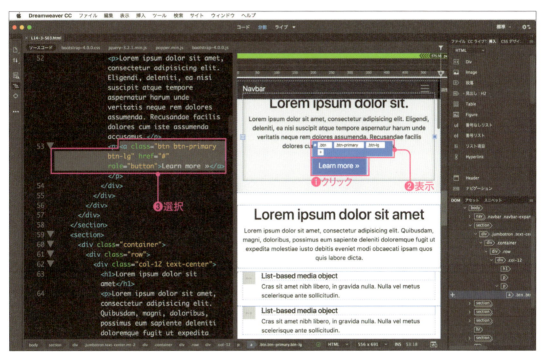

2. エレメントディスプレイでも、コードビューでも、どちらでもいいので、セレクター「.btn-primary」を「.btn-danger」（コードビューでは「btn-primary」を「btn-danger」）に❶、セレクター「.btn-lg」を「.btn-sm」（コードビューでは「btn-lg」を「btn-sm」）に書き換えます❷。これで、色とサイズが変更されます。

Lesson 14　Ｂｏｏｔｓｔｒａｐを使ったレスポンシブデザイン

3 HTMLファイルを保存します。［リアルタイムプレビュー］を使うか、または保存したHTMLファイルをWebブラウザーで直接表示して確認します❶。

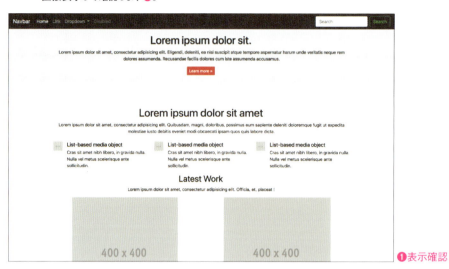

❶表示確認

COLUMN

bootstrapのボタンスタイル（色、サイズ、表示形式）

・ボタンの色
青 btn-primary
灰色 btn-secondary　　　白 btn-light
緑 btn-success　　　　　黒 btn-dark
赤 btn-danger　　　　　色なし btn-link
橙 btn-warning
水色 btn-info

・ボタンのサイズ
大 btn-lg
小 btn-sm

・ボタンの状態
アクティブ active
使用禁止 disabled

・アウトラインボタンを表示
btn-outline-*
*には [primary][secondary][success][danger] などを指定します。

・ブロックレベルのボタン
btn-block

Step 04 カラム数の変更をする

ブラウザーサイズが1200px以上の場合、横に3列並ぶカラムを4列に並ぶように変更します。ライブビュー（表示領域が576px未満）の場合、縦1列に並びます。

 Lesson14 ▶ L14-3 ▶ L14-3-S04 ▶ L14-3-S04.html

1 レッスンファイルを開きます。コードビューで72行目の「<div class="col-md-4 col-12">」を選択します❶。ライブビューで表示されたエレメントディスプレイの［列を複製］をクリックします❷。

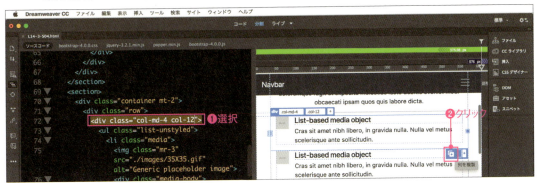

2 コードビューで「col-md-4」を選択します。［検索］メニュー→［現在の文書内で置換］を選択します❶。置き換えコードとして「col-md-3」と入力して❷、［すべて置き換え］をクリックします❸。

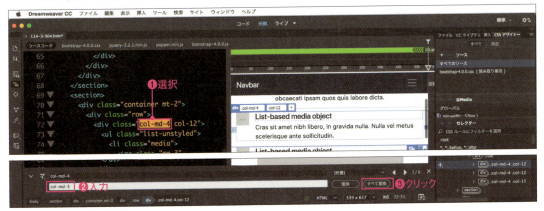

3 HTMLファイルを保存します。［リアルタイムプレビュー］またはHTMLファイルをブラウザーで表示して、表示を確認します❶。横3列から4列に変わっていることが確認できます。

Lesson 14　Bootstrapを使ったレスポンシブデザイン

Exercise―練習問題

  Lesson14 ▶ L14Exercise ▶ L14EX ▶ index.html

 Bootstrapのテンプレートから日本語のページを作成する練習をしましょう。ここでは、レッスンファイル「index.html」を書き換えて、練習用に架空サイトを作成してみましょう。

Before

After

●01 レッスンファイルをDreamweverで開きます。コードビューで12行目のclass「bg-dark」を「bg-info」に変更します。以降はすべてコードビューでの作業です。

●02 13行目にあるテキスト「Navbar」を「○○デザイン事務所」に変更します。

●03 23行目のテキスト「Link」を「サービス内容」に変更します。

●04 27行目のテキスト「Dropdown」を「制作実績」に変更します。

●05 42行目にある、class「btn-outline-success」を「btn-dark」に変更します。

●06 47行目のclassに「text-info」を追加します（「<div class="jumbotron text-center mt-2 text-info">」となります）。

●07 51行目の<h1>～</h1>内のテキストを「お気軽にご相談ください」に変更します。

●08 52行目の<p>～</p>内のテキストを「ホームページの作成から集客のご相談まで、なんでもお気軽にご相談ください。」に変更します。

●09 53行目の文字「Learn more」を「お問い合わせ」に変更します。

●10 「index.html」を保存します。

●11 ［リアルタイムプレビュー］を使うか、「index.html」をローカルで直接ブラウザーで開いて、変更を確認します。

Windowsでは、キーは次のようになります。　⌘ → Ctrl　　option → Alt　　return → Enter

サイトの公開と管理

An easy-to-understand guide to Dreamweaver

Lesson 15

サイトの公開に向けて、リモートサーバー、テストサーバーの設定を行い、フォルダーやファイルをアップロードする作業を学びます。チェックイン・チェックアウト機能、リンクの自動更新など、サイトの管理で必要な機能も解説します。

15-1 サーバーの設定

このステップではリモートサーバー、テストサーバーのサイト設定を学びます。既にレンタルサーバーなど契約されている方は実際にサーバーの設定を行ってみましょう。

リモートサーバーとテストサーバー

DreamweaverではWebサイトを公開するWebサーバーをリモートサーバーと呼びます。リモートサーバーの設定方法は、社内にWebサーバーを設置する自社サーバーと、サーバーの一部領域をレンタルして使用するレンタルサーバーのふたつの方法があります。個人で使用するのであれば、通常レンタルサーバーを使用します。

テストサーバーはWebサイトの表示確認を行う際に使用するサーバーです。小規模サイトであれば、リモートサーバーにテスト用フォルダーを作り、ベーシック認証などを設定し、アクセス制限をかけてテストを行う方法が多く用いられています。

大規模サイトの場合はリモートサーバーとは別のサーバーを設置し、テストを行います。

テストサーバーの用意の仕方にはいくつかの方法があります。ひとつはリモートサーバーとは別のテストサーバーを用意すること。また、リモートサーバー内にテストフォルダーを作成し、アクセス制限をかけてテストサーバーとして使用することもあります。これらは開発規模に応じて手法が異なってきます。

なお、本Lessonではリモートサーバー、テストサーバーの設定、ファイルのアップロードやダウンロードを行うため、サーバーが必要になります。レンタルサーバーなどと既に契約し、サーバーを使用できる方はレッスンを行う前にサーバー上の資源をバックアップすることをおすすめします。

リモートサーバーとテストサーバー

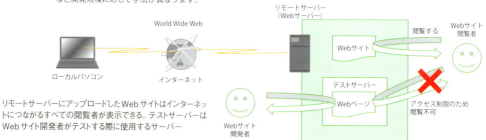

テストサーバーの用意の仕方は
・リモートサーバーとは別のテストサーバーを立てる
・リモートサーバー内にテストフォルダを作成し、アクセス制限をかけてテストサーバーとして使用する
など開発規模に応じて手法が異なります。

リモートサーバーにアップロードしたWebサイトはインターネットにつながるすべての閲覧者が表示できる。テストサーバーはWebサイト開発者がテストする際に使用するサーバー

> **COLUMN**
>
> **レンタルサーバーについて**
>
> レンタルサーバーはサーバーの一部領域をレンタルして使用することです。複雑なサーバーの知識も不要で、手軽に利用できるのが特徴です。料金によって機能は異なりますが、無料から、月々99円といった安い料金設定のサーバーもあります。レンタルサーバーを契約する基準として、サーバーが正常稼動している割合の稼働率、サーバーの物理的な容量、データーベースの有無、Webアプリケーションの設置などを考慮して選びましょう。個人サイト、小規模なサイトであれば、レンタルサーバーで十分です。

15-1 サーバーの設定

Step 01 リモートサーバーの設定

Webサイト制作完了後、サイトの管理から公開するリモートサーバー情報の設定を行います。事前準備として「Lesson15>globalcampany」フォルダーをローカルサイトフォルダーとしてサイト定義しておきます。

Lesson 15 ▶ globalcampany

1 [サイト]メニュー→[サイトの管理]を選択します❶。[サイトの管理]ダイアログボックスが表示されます。

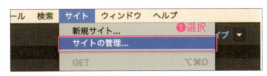

2 [サイトの管理]ダイアログボックスで、登録されているサイト定義の一覧からリモートサイトを設定するサイトを選択し❶、[選択したサイトを編集]をクリックします❷。

3 表示された[サイト設定]ダイアログボックスで、カテゴリの[サーバー]を選択し❶、[+]ボタン(新規サーバーの追加)をクリックします❷。

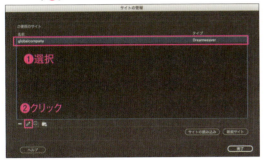

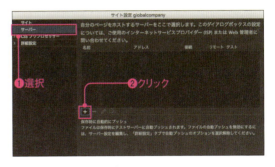

4 表示されたサーバー設定画面でサイト設定を行います。[サーバー名]には任意でわかりやすい名前を付けましょう❶。[使用する接続]は[FTP]と設定します❷。[FTPアドレス]はレンタルサーバー会社から指定されたドメインまたはIPアドレスを指定します❸。[ポート]は特に指定がない場合は「21」のままに設定します❹。[ユーザー名][パスワード]はレンタルサーバー会社から指定されたFTPアカウントとパスワードをそれぞれ設定します❺。

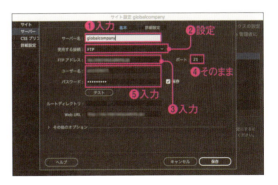

5 サーバーに接続できるかテストを実施します。[テスト]ボタンをクリックすると接続確認が行われます❶。接続された場合、[DreamweaverはWebサーバーに接続されました]とメッセージが表示されるので、[OK]ボタンをクリックします❷。

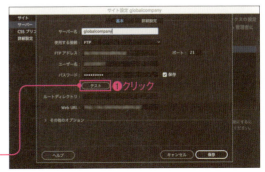

Lesson 15　サイトの公開と管理

6 ［ルートディレクトリ］と［Web URL］を確認します。［ルートディレクトリ］はデフォルトで未入力になっています❶。FTPアドレスを入力すると、［Web URL］へ自動的に反映されるので、異なっている場合は修正します❷。［保存］ボタンをクリックします❸。

7 ［サイト設定］ダイアログボックスに戻ります。先手順で設定したサーバー情報が設定されていることを確認します❶。［保存］ボタンをクリックします❷。

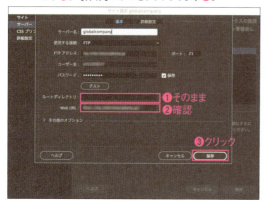

8 「キャッシュが再作成されます」というメッセージが表示されるので、［OK］をクリックします❶。

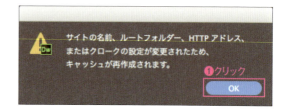

9 ［サイトの管理］ダイアログボックスに戻るので、［完了］ボタンをクリックします❶。

CHECK! ［その他のオプション］について

サイト設定の際に設定画面下部に［その他オプション］があります。［>］をクリックすると［∨］表示になり、［その他のオプション］の内容が表示されて、サーバー等の詳細な設定が可能となります。

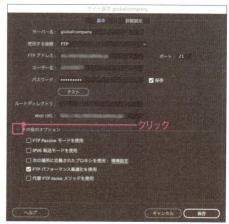

通常、転送モードはデフォルトのままで、FTP Passiveモードで設定する

10 接続が完了すると、リモートサーバー内にファイルが表示されます❶。

270　Windowsでは、キーは次のようになります。　⌘ → Ctrl　option → Alt　return → Enter

Step 02 テストサーバーの設定をする

Step 01 では公開するサイト用にリモートサーバーの設定を行いましたが、Step 02 では Step 01 の設定をコピーし、非公開用テストサーバーの設定を行います。

1 [サイト] メニュー→ [サイトの管理] を選択し、[サイトの管理] ダイアログボックスを表示させます。登録されているサイト定義の一覧より Step 01 で設定したリモートサイトを設定するサイトを選択し❶、[選択したサイトを編集] をクリックします❷。

2 表示された [サイト設定] ダイアログボックスで、[サーバー] のカテゴリを選択し❶、Step 01 で設定したリモートサイトを選択し❷、[既存サーバーの複製] をクリックします❸。

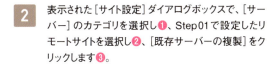

3 表示されたサーバー設定画面で、[ルートディレクトリ] に「/」(半角スラッシュ) を入力し❶、非公開用のフォルダーを指定します。[保存] をクリックします❷。

4 [サイト設定] ダイアログボックスに戻るので、設定したサーバーの [テスト] にチェックがついているか確認し❶、[保存] ボタンをクリックします❷。

CHECK! ブラウザーでプレビューすると

ブラウザーでプレビューを行うと、テストサーバー上のファイルが優先的にプレビューされます。
ローカルサイトフォルダーのファイルをプレビューするには、サーバー定義の「テスト」からチェックを外して下さい。

5 最後に［完了］ボタンをクリックします❶。

6 テストサーバーへの接続が完了すると、ファイルパネルに緑色のフォルダーが表示されます❶。

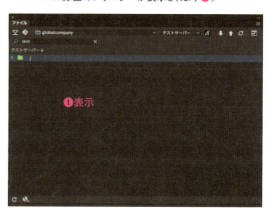

COLUMN

ベーシック認証の設定

非公開テストサーバーのアクセスを制限する際によく使われるのが、ベーシック認証と呼ばれる簡易な認証機能です。「.htaccess」に認証の指定を記述し、「.htpasswd」にユーザーとエンコードされたパスワードを記述します。ベーシック認証を設定しているフォルダーにアクセスした際にはIDとパスワードの入力が必要になります。IDとパスワードが一致しない場合は認証エラーとなりアクセスができません。

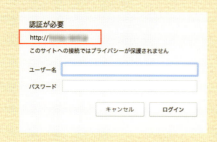

ベーシック認証を指定したいフォルダーに「.htaccess」ファイルを配置し、アクセスに制限を付ける。「.htaccess」はWebサーバーの動作を制御するファイル。一部のホスティングやレンタルサーバーの場合、使用禁止となっている場合がある

認証をクリアするにはIDとパスワードが必要。IDとパスワードが一致しない場合は認証エラーとなる

15-2 ファイルのアップロードとダウンロード

15-2 ファイルのアップロードとダウンロード

リモートサーバー、テストサーバー設定後、ファイルをアップロードやダウンロードする方法を学びます。

アップロード&ダウンロードの方法

フォルダーやファイルのアップロードとダウンロードにはファイルパネルを使用します。ファイルパネルで対象のフォルダーまたはファイルを選択して、次の3つの方法から選びます（それぞれ、具体的な手段は下図を参照）。

①アイコンをクリックし、アップロード&ダウンロードする
②右クリックメニューからアップロード&ダウンロードする
③ファイルパネルを展開し、サーバー側を見ながらアップロード&ダウンロードする

本項目では、サーバー側、ローカル側の状況を見ながら作業ができる、③のファイルパネルを展開する方法を中心に解説していきます。

なお、フォルダー・ファイルを作成する際に、分かりやすく名前を付け事前に整理しておくことで、目的のファイルが探しやすくなるのでおすすめです。

また、Dreamweaverではファイルをアップロードすることを「PUT」、ダウンロードすることを「GET」と言います。

①アイコンをクリックし、アップロード&ダウンロードする方法

❶ファイルパネル上に表示されるフォルダー・ファイル一覧を「ローカルビュー」、「リモートサーバー」、「テストサーバー」、「リポジトリビュー」から選択する
❷リモートサーバーおよび、テストサーバーとの接続
❸指定したフォルダー&ファイルをGETする
❹指定したフォルダー&ファイルをPUTする
❺ファイルパネルを展開する

②右クリックメニューからアップロード&ダウンロードする方法

❶指定したフォルダー&ファイルをGETする
❷指定したフォルダー&ファイルをPUTする

③ファイルパネルを展開し、サーバー側を見ながらアップロード&ダウンロードする方法

❶[リモートサーバー]、[テストサーバー]を選択
❷サーバーへの接続
❸指定したフォルダー&ファイルをGETする
❹指定したフォルダー&ファイルをPUTする
❺ファイルパネル展開からやめる

Lesson 15 サイトの公開と管理

Step 01　サイト全体をアップロードする

ファイルパネルを展開し、テストサーバーの状態を見ながら、サイト全体をアップロードします。サイトデータがない方はレッスンファイルとして「Lesson15」フォルダー内にサイトデータを用意してありますので、それを使って試してみてください。

1 ファイルパネルの[展開してローカルサイトおよびリモートサイトを表示]をクリックします❶。

2 初期設定ではサーバーがリモートサーバーとなっているので、テストサーバーを選択し❶、[接続]ボタンをクリックします❷。

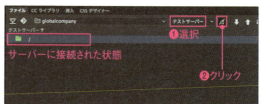

3 Webサイトが格納されている最上位フォルダーを選択し❶、[PUT]ボタンをクリックします❷。

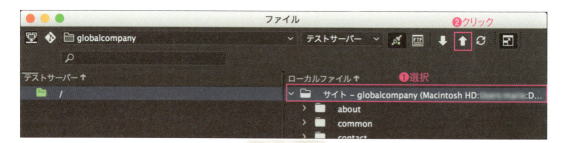

COLUMN

テストサーバー上のフォルダー&ファイルの編集

テストサーバー上で対象のフォルダ&ファイルを選択し、右クリックするとメニューが表示され、ローカルと同じような感覚で操作が可能です。フォルダ&ファイルの削除、コピー、名前の変更等を行う場合は[編集]を選択します。

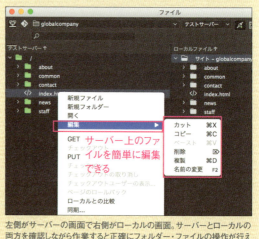

左側がサーバーの画面で右側がローカルの画面。サーバーとローカルの両方を確認しながら作業すると正確にフォルダー・ファイルの操作が行える

Windowsでは、キーは次のようになります。　⌘ → Ctrl　　option → Alt　　return → Enter

15-2　ファイルのアップロードとダウンロード

4 ［サイト全体をPUTしてよろしいですか?］というメッセージが表示されるので、［OK］ボタンをクリックします❶。

5 WebブラウザーにURLを入力し、テストサーバーにWebサイトがアップロードされたか確認します❶。

Step 02　ファイルを選択してアップロードする

ファイル（フォルダ）を選択してアップロードする際は、対象のファイル（フォルダ）を選択し、［PUT］ボタンをクリックします。

1 ファイルパネルが展開している状態で対象ファイルを選択し❶、［PUT］ボタンをクリックします❷。

2 ［依存ファイルを転送に含めますか?］というメッセージが表示されるので［はい］ボタンをクリックします❶。

3 テストサーバーに選択したファイルのみがアップロードされました❶。

CHECK！ 依存ファイルを転送に含めますか？

依存ファイルはJQueryMobile、JQueryUIなどを挿入する際に使用する専用ファイルになります。このダイアログは、毎回アップロード&ダウンロードする際に表示されるので、［次からこのメッセージを表示しない］にチェックを入れておきましょう。

Lesson 15　サイトの公開と管理

Step 03　ファイルをダウンロードする

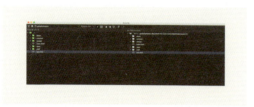

ファイルをダウンロードする際は対象のファイルを選択し、[GET] ボタンをクリックします。

1 テストサーバー上で右クリックして表示されたメニューから [新規ファイル] を選択して任意のファイルを作成します（ここでは「test.html」）を作成します❶。新規ファイルを選択して❷、[GET] ボタンをクリックします❸。

2 対象ファイルがダウンロードされ、ローカルファイルとしてビューに表示されました❶。

Step 04　クロークの設定

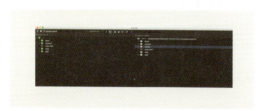

クロークを設定するとフォルダーやファイルをアップロードする際の対象から除外することができます。

1 クローク対象のフォルダーを選択し❶、右クリックメニューから [クローク実行] を選択します❷。

> **CHECK！　クロークとは**
>
> クロークとは、特定のファイルやフォルダをサーバーに [PUT] させない機能のことです。クローク設定しておくと、サイト全体を [PUT] しても、指定したファイルやフォルダは除外されるので便利です。

Windowsでは、キーは次のようになります。　⌘ → Ctrl　option → Alt　return → Enter

15-2　ファイルのアップロードとダウンロード

2 クローク対象となったフォルダーには赤のチェックが入ります❶。Webサイトが格納されている最上位フォルダーを選択し❷、[PUT]ボタンをクリックします❸。

3 [サイト全体をPUTしてよろしいですか?]というメッセージが表示されるので、[OK]ボタンをクリックします❶。

4 クロークを設定したフォルダーはアップロードから除外されました❶。

CHECK! クロークの設定でファイルの種類を除外する

Dremweaverではファイルの拡張子を指定し、クロークの指定をすることができます。[サイトの管理]より対象のサイトを指定し、[サイト設定]左部にある[詳細設定]を選択して、クロークを選択します。[次で終わるファイルをクロークする]にチェックを入れるとクロークしたい拡張子を指定できます。

クロークのファイル設定はデフォルトでは「.fla」「.psd」「.less」「.sass」「.scss」「.map」が指定されている

Lesson 15　サイトの公開と管理

15-3　サイトの管理

Webページ更新時に重複しないように制御するチェックイン&チェックアウト機能やフォルダー&ファイルのリンクの自動更新などサイトの管理で使える機能を学びます。

Step 01　チェックイン&チェックアウトの設定

複数のスタッフでひとつのWebサイトの開発を行う場合、Webページ更新時に重複しないように制御する、また誰が更新をしたか確認できるのがチェックインおよびチェックアウト機能です。前項までと同じく「Lesson15」フォルダー内のサイトデータを利用してもかまいません。

1 ［サイト設定］ダイアログボックスを表示させ、［サーバー］を選択❶、リモートサーバーを選択❷、［既存のサーバーの編集］をクリックします❸。

2 サーバー設定画面になるので、［詳細設定］を選択します❶。［ファイルのチェックアウトを使用可能にする］❷、［常にチェックアウトしてファイルを開く］にチェックを入れます❸。次に［チェックアウト名］と❹、「電子メールアドレス」を入力し❺、［保存］ボタンをクリックします❻。

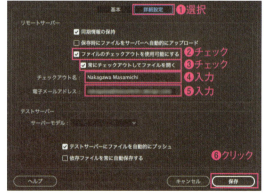

COLUMN
SFTP証明書のサポート
Dreamweaver CCからSFTP証明書ベースの認証を使用し、サイトからファイルを安全に管理できるようになりました。「SFTP」とは「SSH File Transfer Protocol」の略で、FTPで送受信するデータをSSHで暗号化するプロトコルのことです。

COLUMN
チェックインおよびチェックアウトとは
チェックインとは、ほかの開発者がチェックアウトしたり編集したりできるようにする機能のことです。チェックアウトとは、「今このファイルを編集しているので触らないでください」とほかの開発者に伝える機能です。

3 ［サイト設定］ダイアログボックスで［保存］ボタンをクリックし❶、［サイトの管理］ダイアログボックスに戻ったら［完了］ボタンをクリックします❷。

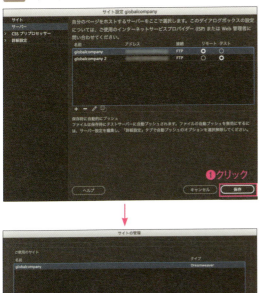

CHECK! バージョンを管理する場合はGitを使う

Gitとは、ファイルの変更履歴を管理できる「分散型バージョン管理システム」のひとつです。以前はSubversionがサポートされていましたが、Dreamweaver CC 2017から削除され、新しく高機能なGitという管理用ソフトに対応できるようになりました。Gitを使用することで、ファイルを「いつ」「誰が」「どこをどう変更したか」という変更内容の情報を記録、確認することができます。また、編集したファイルを変更前の状態に戻すことが可能です。そのため、複数人でサイト開発を行う、編集作業の多い場合に役立ちます。Git を使用するには、Gitクライアントをダウンロードし、設定を行う必要があります。Gitクライアントにはさまざまな種類があるので、用途やチームによってダウンロードしてください。

4 ファイルパネルを見ると［チェックアウトファイル］ボタン❶と、［チェックイン］ボタン❷が表示され、設定が完了しました。

CHECK! LCKファイルとは

Dreamweaverのファイルパネルでは表示されない制御ファイルなのですが、チェックアウトをするとリモートサーバーにはLCKファイルが作成されます。DreamweaverではこのLCKファイルによって、チェックアウトをしているユーザーなどが管理されます。チェックインを行うとこのLCKファイルは自動的に削除されます。

Dreamweaverのファイルパネル上では表示されないが、FTPクライアントなどでサーバーを見るとLCKファイルは確認できる

Lesson 15 サイトの公開と管理

Step 02 チェックアウトとチェックインの流れ

リモートサーバーの対象ファイルをチェックアウトします。チェックアウト後、対象ファイルをチェックインし、一連の作業の流れを学びます。

1 ファイルパネルが展開している状態でリモートサーバーのファイルを選択し❶、[チェックアウトファイル]をクリックします❷。

2 [依存ファイルを転送に含めますか?]というメッセージが表示されるので、[はい]ボタンをクリックします❶。

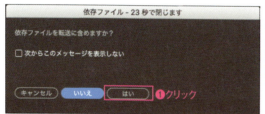

CHECK! ファイル&フォルダー名の変更

ファイル&フォルダー名の変更を行うと同じように設定しているパス、リンク先が自動で変更されます。サイトを管理している際によく使う機能なので、覚えておきましょう。

3 チェックアウト後、ファイルパネルを見ると対象ファイルはチェックアウトの状態になっています❶。このとき、ファイルの横には緑色のチェックマークが表示されます❷。

4 次はチェックアウトしたファイルを選択し❶、[チェックイン]をクリックします。チェックイン完了後、ほかのファイルと同じようにステータスが変更されます❷。チェックインし、上書きされたファイルには鍵マークが表示されます❸。

Windowsでは、キーは次のようになります。　⌘ → Ctrl　option → Alt　return → Enter

Step 03 ファイルパネルに表示される詳細のカスタマイズ

[サイトの管理]からファイルパネルの外観をカスタマイズが可能です。[ノート][サイズ][タイプ]などのなどの詳細を表示、列の追加や順序の変更ができます。ここでは、[ノート]を追加します。

1. [サイト設定]ダイアログボックスで[詳細設定]カテゴリーの[表示列]をクリックして選択します❶。するとダイアログが表示されます❷。

2. [ノート]を選択し❶、「既存の列の編集」をクリックします❷。

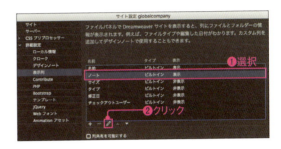

3. 表示されたダイアログボックスで[整列]は[左]を設定し❶、[オプション]の[表示]にチェックを入れます❷。[保存]をクリックします❸。

4. ファイルパネルを見ると、[ノート]が追加されたのが確認できます❶。

CHECK! 列の順序の変更

[サイト設定]ダイアログボックスで、[詳細設定]カテゴリーの[表示列]ダイアログから列名を選択した後、[+]または[−]ボタンをクリックして、新しい列の追加、削除もできます❶。また、[▲]または[▼]ボタンをクリックして、選択した列の位置を変更できます❷。
なお、ファイルパネルのビューのツールバー上で右クリックをすると、簡単に表示するオプションを選択することができるので便利です。

INDEX

●●● 記号 ●●●
% ……………………………… 137, 148
.htm ……………………………………… 041
.html ……………………………………… 041
@Media ………………………………… 125

●●● A ●●●
about …………………………………… 040
Adobe Animate CC ………………… 034
Adobe ID ………………… 027, 028, 037
Adobe Illustrator …………………… 032
Adobe Media Encoder ……………… 097
Adobe Photoshop …………………… 032
Adobe Stock ……………………… 015, 032
alt属性 …………………………… 093, 094
Apache Subversion ………………… 013
auto ……………………………… 143, 170
Auto Play ……………………………… 099
autocomplete属性 …………………… 087

●●● B ●●●
background …………………………… 153
Bootstrap ………………………… 014, 256
Bootstrapテンプレート ……………… 260
Bootstrapのコンポーネント ………… 057
border-radiusプロパティ …………… 194
box-shadow ……………………… 190, 193
Brackets ……………………………… 072

●●● C ●●●
Can I use ……………………………… 193
CCファイル …………………………… 016
CCライブラリ ………………………… 015
CCライブラリパネル ………………… 026
Chrome ………………………………… 036
CLASS ………………………………… 171
CLASS/ID ……………………………… 157
CLASSセレクター ……………… 122, 160
clear …………………………………… 136
Cloudで同期 …………………………… 027
color …………………………………… 153
colspan属性 …………………………… 081
common ……………………………… 040
contact ………………………………… 040
Creative Cloud ……………………… 012
Creative Suite ……………………… 012
CSS ……………………………………… 120

CSS3 ……………………… 033, 034, 120, 190
cssreset.css …………………………… 132
CSSスタイル ………………………… 025
CSSソース …………………………… 160
CSSデザイナー ………… 014, 125, 127
CSSデザイナーパネル
 ……………………………… 025, 026, 127
CSSトランジション ………………… 204
CSSの記述方法 ……………………… 122
CSSの役割 …………………………… 121
CSSファイルの作成 ………………… 126
CSSファイルの分割 ………………… 121

●●● D ●●●
display ………………………………… 209
DNSサーバー ………………………… 031
DOCTYPE宣言 ……………………… 052
DOMパネル …………………………… 026
DTD …………………………………… 052
Edge Web Fonts …………………… 201
element ……………………………… 050
em ………………………………… 137, 148
en ……………………………………… 053
EUC …………………………………… 019

●●● F ●●●
Facebook ……………………………… 241
Finder ………………………………… 047
Fire Fox ……………………………… 036
Flash …………………………………… 034
Flexbox ………………………………… 137
float ……………………………… 136, 186
font-family …………………………… 149
font-size ……………………………… 148
FTPサーバー ………………………… 031

●●● G ●●●
GIF …………………………………… 090
Git ……………………………………… 279
Google Chrome ………………… 035, 037
Googleマップ ………………………… 240

●●● H ●●●
height ……………………… 082, 096, 137
Hiperlink ………………………… 102, 105
hover ………………………………… 153
hsla …………………………………… 200

HTML ……………………… 033, 050, 057, 066
HTML5 …………………… 014, 019, 034, 052
HTML5 Video ………………………… 097
HTMLコメントの適用 ……………… 072
HTML属性 …………………………… 069
HTML属性を編集 …………………… 094
HTMLドキュメント ………………… 016
HTML特殊文字 ……………………… 073
HTMLの構造 ………………………… 052

●●● I ●●●
ID ……………………………………… 160
IDセレクター ………………………… 122
ID属性 ………………………………… 140
imagesフォルダー …………………… 040
index.html …………………………… 041
Internet Explorer …………………… 036

●●● J ●●●
ja ……………………………………… 053
JavaScript …………………………… 034
JPEG ………………………………… 090
jQuery …………………………… 014, 034
JQuery Mobile ……………………… 057
JQuery UI …………………………… 057

●●● K ●●●
keywords ……………………………… 055

●●● L ●●●
LCKファイル …………………… 013, 279
letter-spacing ………………………… 148
line-height …………………………… 148
Loop …………………………………… 099

●●● M ●●●
ma-height …………………………… 209
max-width …………………………… 209
Microsoft Edge ……………………… 036

●●● N ●●●
name属性 …………………………… 226
news …………………………………… 040
Normalize CSS ………………… 131, 133

●●● P ●●●
pattern属性 …………………………… 087
PDFファイル ………………………… 111
PHP …………………………………… 033

INDEX 索引

placeholder 属性·········087
PNG·········091
Poster·········099
px·········137, 148

●●● R ●●●
required 属性·········084, 087
RGBa·········200
rowspan 属性·········081

●●● S ●●●
Safari·········036
SFTP 証明書·········278
SPAM·········113
staff·········040
STE ファイル·········044
SVG 形式·········091

●●● T ●●●
Table ダイアログボックス·········077
target 属性·········106
Templates フォルダー·········217
tex-decoration·········155
tex-shadow プロパティ·········202
text-align·········151
text-shadow·········190
title 属性·········106
transform プロパティ·········205
Typekit·········015, 201
type 属性·········083, 226

●●● U ●●●
Unicode（UTF-8）·········019
untitiled.html·········017
URL·········041
UTF-8·········019
UTF-16·········019
UTF-32·········019

●●● V ●●●
value·········226
vh·········137
viewport·········254

●●● W ●●●
W3C·········033, 050
Web サーバー·········031
Web サービス·········238

Web サイト·········012, 030, 033
Web フォント·········015, 191, 201
Web ブラウザ·········036
Web ページ·········030, 033
width·········082, 096, 137
wrapper·········165, 166

●●● X ●●●
XHTML·········019

●●● Y ●●●
YouTube·········238

●●● タブ ●●●
<a>·········102, 105, 155
<article>·········074
<aside>·········074
<body>·········149
<body>·········053
<datalist>·········087
<dd>·········178, 181
<div>·········056, 140
<dl>·········178, 181
<dt>·········178, 181
<em>·········062
<footer>·········074
<form>·········084
<h1>·········058, 068, 142, 151
<h2>·········180
<h6>·········058
<head>·········053, 054
<header>·········074, 139, 150
<html>·········053
<img>·········050, 056
<input>·········083
<label>·········085
<li>·········060, 070
<link>·········054
<main>·········074, 162
<meta>·········054
<nav>·········074
<ol>·········060
<option>·········086
<p>·········051, 059, 069
<s>·········063
<script>·········054
<section>·········074, 179

<select>·········083, 086
<source>·········097
<span>·········062
<strong>·········062
<style>·········124
<table>·········076
<tbody>·········076
<td>·········076
<textarea>·········083, 87
<title>·········054
<tr>·········076
<ul>·········060, 070, 152
<video>·········097, 099

●●● あ ●●●
アイキャッチ·········075, 163
アウトライン·········074
明るさおよびコントラスト·········096
アクセシビリティ·········077
アセットパネル·········026, 094
値·········086, 122
アップロード·········013, 273
アニメーション·········034, 192

●●● い ●●●
依存ファイル·········275
イタリック·········063
一括変更·········141
今すぐ同期·········027, 028
イメージの最適化·········096
インスペクト·········184
インスペクトビュー·········023
インスペクトモード·········184
インターネット·········030
インデント·········020, 070
インライン要素·········053, 154

●●● う ●●●
ウィンドウ·········056

●●● え ●●●
エクスプローラー·········047
エレメントディスプレイ·········157

●●● お ●●●
お気に入り·········057
オプション領域·········223, 224
親テンプレート·········232

283

INDEX 索引

●●● か ●●●

改行	059
開始タグ	050
階層	074, 104
角丸	191, 194
角丸の指定	197
カスタムフォントスタック	202
カスタムワークスペース	056
画像	090
画像サイズ	095
画像に属性を設定	093
画像編集	096
画像を挿入	092
カテゴリ	027
カラーピッカー	150
カラム	074
カラム数	265
空要素	050
環境設定	027, 019, 036

●●● き ●●●

キーワード設定	055
擬似クラス	153
記述ルール	051

●●● く ●●●

クイックスタート	016
クイック編集	129
クラウドと同期	028
クラス/ID追加	069
グラデーション	191, 198
グラデーションライン	191
グルーピング	129
クローク	276
グローバルナビゲーション	075

●●● け ●●●

警告画面	114
検索／置換	249
検索エンジン	074
検索および置換ダイアログボックス	249
検索対象	251

●●● こ ●●●

項目ラベル	086
コードオプション	020
コードナビゲーター	120
コードビュー	022, 066
コードヒント	015, 067, 129
コードを見やすく整形	073
子テンプレート	232
コピー＆ペースト	281
コピーライト	075
コメントアウト	067, 072
コメントの適用	072
コンテンツ	171
コンテンツモデル	154
コンテンツ領域	075, 160

●●● さ ●●●

サーバーの設定	268
最近使用したもの	016
サイト	030
サイドコンテンツ	075
サイドコンテンツのデザイン	210
サイドコンテンツ領域	178
サイト削除	048
サイト設定	042
サイト全体のリンクチェック	115
サイト全体のリンク変更	116
サイト定義	044, 105
サイト定義の書き出し	046
サイト定義の削除	048
サイト定義の編集	045
サイト定義の読み込み	047
サイトの管理	043, 044, 269, 278
サイトの定義	042
サイトマップ	040
サイト名	045
サイトロゴ	075

●●● し ●●●

子孫セレクター	123
シフトJIS	019
シャープ	096
終了タグ	050
詳細	055
ショートハンド	142, 164
初期設定ドキュメントタイプ	019
新規	017
新規CSSファイルを作成	126
新規サイト	043
新規ドキュメント	019
新規ファイル	016

●●● す ●●●

スクラバー操作	258
スターターテンプレート	016
スタートアップ画面	016
スタイル	163
スタイルシート	013, 033
スタイルの継承	124
スタイルの作成	179
ステータスバー	021
スニペット	243
スニペットパネル	026
スパムメール	113
スマートフォン	113
スマートフォンサイト	254
スライス	040

●●● せ ●●●

セカンダリブラウザー	037
絶対パス	103
セットを表示	128
セル間隔	077
セル内余白	077
セルの分割	082
セルのマージ	081
セレクター	122, 125
セレクター名の変更	146
全称セレクター	123
相対パス	103, 104

●●● そ ●●●

挿入パネル	026, 055, 057, 083, 097
ソース	125
ソースコード	250
ソースコードのフォーマット	070
ソースフォーマット	020, 067
ソースフォーマットの適用	070, 073
その他	125, 127
その他のオプション	270

●●● た ●●●

ターゲット	106
代替	093
タイトル	055
ダウンロード	013, 273

INDEX 索引

タグ 033, 050
タグセレクター 021, 122
タグ名 050
タグをたたむ 071
タブ 106
タブグループ 024
タブサイズ 020
タブ式パネル 025
タブ表示 018
単位 137
段落 059, 069

●●● ち ●●●
チェックアウト 278
チェックイン 278

●●● つ ●●●
ツールチップ 106

●●● て ●●●
テーブル 076
テーブルサイズ 077
テーブル設定 080
テーブルの行を削除 079
テーブルの行を追加 078
テーブルの幅 077
テーブルの列を削除 080
テーブルの列を追加 079
テーブルを作成 077
テキスト 063, 105, 125, 127
テキストエディタ 072
テキストエリア 087
テキストボックス 085
デザインビュー 022, 078, 239
テストサーバー 268
テンプレート 013, 057, 214, 257
テンプレートの切り離し 225
テンプレートの作成 216
テンプレートの修正 222
テンプレートプロパティ 226
電話番号 113

●●● と ●●●
透過 192, 198
動画 097
動画のフォーマット 097
動画を挿入 098

同期 027
同期の設定 027
透明度 199
ドキュメントウィンドウ 021
ドキュメントタイプ 017, 052
ドキュメントツールバー 021
特殊文字 059
特殊文字 073
ドメイン 041
取り消し線 063
トリミング 096

●●● な ●●●
ナビゲーション 144
ナビゲーションの修正 262

●●● に ●●●
入力フォーム 084

●●● ね ●●●
ネスト 051, 232
ネストされた子テンプレート 233

●●● は ●●●
背景 125, 127
背景画像 138
背景色の設定 128
背景のスタイル 161
ハイパーテキスト 050
ハイパーリンク 102
パス 103
パス指定 103
破損リンク 115
パネル 021, 024
パネルの取り外し 024
パネルを展開 024
バリデーター 249
半角スペース 059
パンくずリスト 167
番号付きリスト 061

●●● ひ ●●●
ビジュアルメディアクエリー 256
非表示文字 020
ビュー 022
開く 018

●●● ふ ●●●
ファイル 025, 273
ファイルサーバー 031
ファイルの参照 107
ファイルの指定 107
ファイルの保存 018
ファイルパネル 017, 026, 043, 117
ファイル名 018, 046
フォーマット 062
フォーム 057, 083
フォーム機能 087
フォルダー 273
フォルダー構成 040
フォルダー名 046
フォント 066
フッターのデザイン 211
フッター領域 075
太字 062
プライマリーブラウザー 037
ブラウザーサイズ 265
ブラウザの登録 035
フラットデザイン 032
プルダウンメニュー 086
ブレークポイント 256
フレームワーク 017
ブロック要素 053
ブロックレベル 108
ブロックレベル要素 154
プロパティ 125
プロパティ値 025, 123
プロパティインスペクタ
 .... 021, 056, 122
プロパティ値 125
分割ビュー 022
文書構造 074

●●● へ ●●●
ベーシック認証 272
ページで定義 126
ページトップ 110
ページ内のリンク 111
ページプロパティ 130
別ウィンドウ 106
ヘッダー 077, 136
ヘッダーのデザイン 207
ヘッダーの文字 148

INDEX 索引

ヘッダー領域 ………………………075
編集可能領域 ……………………215, 217
編集不可領域 ……………………215, 221

●●●ほ●●●
ボーダー ……………………077, 125, 127
ボーダーのスタイル ……………141, 161
ホームページ ………………………030
ボタンスタイル ……………………264
ボタンの修正 ………………………263
ボックスシャドウを追加 …………195
ボックスのプロパティ ……………136
ボックスモデル ……………………136

●●●ま●●●
マーカー ……………………………060
マークアップ ………………………050
マークアップ言語 …………………033
マージ ………………………………081
マテリアルデザイン ………………032

●●●み●●●
見出し ………………………058, 068, 151
見出しレベル ………………………058

●●●め●●●
迷惑メール …………………………113
メインコンテンツ ……………075, 208
メインコンテンツ領域 ……………169
メールアドレス ……………………112
メールサーバー ……………………031
メディアクエリー ………025, 192, 255
メニューの数 ………………………147
メニューバー ………………………021

●●●も●●●
文字 …………………………………062
文字サイズ …………………………148
文字色 ………………………………138
文字の色 ……………………………150
モリサワ ……………………………191

●●●よ●●●
要素型 ………………………………050
要素名 ………………………………050

●●●ら●●●
ライブコード ………………………023

ライブビュー
 ……………014, 023, 069, 094, 183
ライブラリ …………………………243

●●●り●●●
リアルタイムプレビュー …………035
リスト …………………………060, 070
リストタグ …………………………061
リセットCSS ……………………131, 138
リピート領域 ………………………229
リピート領域を使用 ………………230
リモートサーバー …………………268
リモートサイト ……………………031
リンク …………………………102, 105
リンクチェック ………………114, 115
リンクの作成 ………………………102
リンクの編集 ………………………109

●●●れ●●●
レイアウト ……………125, 127, 136
レイアウト崩れ ……………………183
レスポンシブ …………………137, 254
レンタルサーバー …………………268

●●●ろ●●●
ローカルWebフォント ……………202
ローカルコンピューター …………031
ローカルサイト ……………………031
ローカルサイトフォルダー ………043
ローカルと同期 ……………………028
ロールオーバー ………………153, 205
ロールオーバーを実装 ……………156
ロゴ画像 ……………………………144

●●●わ●●●
ワークスペース ………021, 025, 028

著者略歴

中川正道

なかがわまさみち

1978年生まれ、島根県出身。ドイツでフリーランスのWebデザイナーとして世界各国のWebサイトを制作。2017年日本へ帰国後、時色 TOKiiRO株式会社を設立。運営する「おいしい四川」を軸に、2日で6.5万人を動員する四川フェス主催。
中華業界にWebを使ったPR事業を展開中。
http://masamichi-design.com/
http://meiweisichuan.jp/

やのうまり絵（みま）

やのうまりえ

競わないゆる〜いハッカソン「はじめてのハッカソン」を2014年より主宰。制作会社を経てWebサイト制作者、Webデザイナーとして独立し2015年「Design Illume（デザイン イリューム）」を開業。サイト制作からサービスづくり、運用を手がける。
https://www.はじめてのハッカソン.com/
https://design-illume.com/

トミー智子

とみーともこ

すんごいWebデザイナー。22歳でエステサロンを開業し、自社のWebサイトを独学で制作する。趣味が高じてインターネット・アカデミーでDreamweaverを学び2012年デザイン制作所 Tommy Design Office 開業。2016年自身の独立する苦労や大変さの観点から独立支援を応援する『テンプレッコ』の運営を開始。初心者に向けた『楽しいホームページ制作』のワークショップも開催中。
https://tommy-design.jp/
https://template-co.com/

アートディレクション　山川香愛
カバー写真　川上尚見
カバー&本文デザイン　原 真一朗（山川図案室）
レイアウト協力　株式会社ウイリング
編集担当　竹内 仁志（技術評論社）

世界一わかりやすい
Dreamweaver
操作とサイト制作の教科書 CC対応

2018年10月10日　初版　第1刷発行
2021年 6月 5日　初版　第3刷発行

著　者　中川正道／やのうまり絵（みま）／トミー智子
発行者　片岡　巌
発行所　株式会社技術評論社
　　　　東京都新宿区市谷左内町21-13
　　　　電話 03-3513-6150　販売促進部
　　　　　　 03-3513-6160　書籍編集部
印刷／製本　共同印刷株式会社

定価はカバーに表示してあります。
本書の一部または全部を著作権の定める範囲を越え、
無断で複写、複製、転載、データ化することを禁じます。
©2018　中川正道／やのうまり絵（みま）／トミー智子

造本には細心の注意を払っておりますが、
万一、乱丁（ページの乱れ）や落丁（ページの抜け）がございましたら、
小社販売促進部までお送りください。送料小社負担でお取り替えいたします。

ISBN978-4-297-10002-5　C3055　Printed in Japan

●お問い合わせに関しまして

本書に関するご質問については、FAXもしくは書面にて、必ず該当ページを明記のうえ、右記にお送りください。電話によるご質問および本書の内容と関係のないご質問につきましては、お答えできかねます。あらかじめ以上のことをご了承のうえ、お問い合わせください。
なお、ご質問の際に記載いただいた個人情報は質問の返答以外の目的には使用いたしません。また、質問の返答後は速やかに削除させていただきます。

宛先
〒162-0846
東京都新宿区市谷左内町21-13
株式会社技術評論社書籍編集部
「世界一わかりやすい Dreamweaver
　操作とサイト制作の教科書 CC対応」係
FAX：03-3513-6167
URL：https://gihyo.jp/book/

・・・・・・・・・・・・・・・・・・・・・・・・・・・・・・・・・・・・・

なお、ソフトウェアの不具合や技術的なサポートが必要な場合は、アドビ株式会社のWebサイト上のサポートページをご利用いただくことをおすすめします。

アドビ ヘルプセンター
https://helpx.adobe.com/jp/support.html